U0338579

一学就会傻瓜书

数码摄影
就这么简单

九州书源　陈晓颖　宋玉霞◎编著

清华大学出版社

北京

内 容 简 介

  本书是一本帮助读者了解数码相机、学习数码摄影的拍摄技法以及数码照片后期处理的图书。主要内容包括选购数码相机及配件的技巧、数码相机的专业术语、单反相机与卡片相机各自的拍摄模式、摄影师应具有的眼光、构图的方法、光线的运用以及自然景观、人物写真、建筑物、夜景、动植物、美食、动态和静物等场景的拍摄，最后还通过光影魔术手的使用讲解数码照片后期处理的方法。

  本书适合热衷于数码摄影或准备从事摄影行业的入门用户，包括摄影相关专业学生、新闻类工作者以及公司白领等。

  图书在版编目（CIP）数据

  数码摄影就这么简单/九州书源编著．—北京：清华大学出版社，2012.9

  （一学就会傻瓜书）

  ISBN 978-7-302-28850-3

  I.①数… II.①九… III.①数字照相机-摄影技术 IV.①TB86 ②J41

  中国版本图书馆CIP数据核字（2012）第104060号

责任编辑：朱英彪
封面设计：刘 超
版式设计：文森时代
责任校对：张彩凤
责任印制：何 芊

出版发行：清华大学出版社
   网 址：http://www.tup.com.cn，http://www.wqbook.com
   地 址：北京清华大学学研大厦 A 座 **邮 编：**100084
   社总机：010-62770175 **邮 购：**010-62786544
   投稿与读者服务：010-62776969，c-service@tup.tsinghua.edu.cn
   质 量 反 馈：010-62772015，zhiliang@tup.tsinghua.edu.cn
印 刷 者：北京鑫丰华彩印有限公司
装 订 者：三河市新茂装订有限公司
经 销：全国新华书店
开 本：145mm×210mm **印 张：**9.625 **字 数：**399千字
   （附 CD 光盘 1 张）
版 次：2012 年 9 月第 1 版 **印 次：**2012 年 9 月第 1 次印刷
印 数：1～6000
定 价：32.80 元

产品编号：044239-01

同样学摄影，为什么不使用最简单的拍摄方法呢？
同样学摄影，为什么不将摄影技术练到最好呢？
同样学摄影，为什么不全方面了解摄影动态呢？
同样学摄影，为什么不再学一学照片的处理呢？

　　一个人每时每刻都会面临选择，而选择一本合适的参考书是每个自学者最重要也最头痛的一个环节。"寓教于乐"是多年前就倡导的一种教育理念，但如何实现，以什么形式体现，却是大多数教育专家研究的课题。我们认为，"寓教于乐"不仅体现在教学方式上，也体现在教材上。为此，我们创作了这套书，不管是在教学形式上，还是在讲解方式和排版方式上，都进行了一定的探索和创新，希望正在阅读这本书的您，能像看杂志一样在轻松愉悦的环境中学会数码摄影。

本书的特点有哪些

　　🔒 **情景教学，和娜娜一起进步**：本书不仅讲解了与数码摄影相关的各种知识，也是主人公娜娜的学习过程。相信娜娜在学习过程中的疑惑也是您曾遇到过的，不过娜娜最终在阿伟老师的指点下，走出了困境。相信通过本书的指导，您一定可以成为第二个"娜娜"。

　　🔒 **贴近生活，知识安排以实用为目的**：学习的目的是为了解决实际应用中的难题。因为您的需要，我们才安排了本书的各节知识。在进行数码摄影时，您可能不知道先做什么，接着做什么，最后做什么以及中途应该怎么操作等。别着急，书中会根据您的需要，对您所遇到的问题一一进行解决说明。

　　🔒 **理论与实战结合，方能授之以渔**：在讲解数码摄影知识时，采用理论与实践相结合的模式。首先以理论的形式让您了解到摄影的原理，然后以实际的摄影经验告诉您如何进行相应的操作，让摄影有声有色地进行。

排版轻松，带来阅读杂志般的愉悦：为了让您学得轻松，在内容的排版上，我们采用了杂志的排版方式，样式灵活，不仅能满足视觉的需求，也能让您在充满美感的环境中学习到您所需要的知识。

这本书适合哪些人

不管您年龄多大，现在正在干什么，如果您就是下面这些人中的TA，拥有相同的困惑，您不妨拿起这本书翻翻，也许将发现自己苦苦寻找的答案原来就在这不经意的字里行间。

正在上学的小A：就读新闻专业的小A，感觉专业书上讲解的摄影知识不够形象，需要自己再学习一下。

时尚白领小B：作为白领的小B，平日假期较多，最大的愿望就是能到处去旅游。而摄影技术不好的他，正想好好地学习数码摄影，以让自己的旅途更加愉快。

准备转行的小C：小C正准备改行，想换个新的环境，才发现新工作会用到数码摄影，于是想提前接触学习摄影。

小D、小E、小F……：他们每天的时间都很多，总是找不到一个既能享受生活，又能学习技术的业余爱好，那为什么不选择学习数码摄影呢？

书中美图是谁拍的

一本好的摄影书，图片是不可缺少的一部分。本书从开始编写到最终成稿，得到了很多摄影专家的支持，也有很多网友主动联系我们提供了他们的经典作品，他们是张恒力、马润萍、易晓、成都85视觉、网事如风、光影客、游悠白云、丽江的鱼等，在此一并对他们表示感谢。除此之外，我们也通过互联网收集了部分美图，由于不能准确知道摄影者的联系方式，希望作者见书后与我们联系。

有疑问可以找他们

本书由九州书源组织编写，参加本书编写、排版和校对的工作人员有陈晓颖、宋玉霞、张良军、曾福全、王君、简超、羊清忠、廖宵、向萍、付琦、朱非、刘凡馨、李伟、范晶晶、任亚炫、赵云、陈良、张笑、余洪、常开忠、徐云江、陆小平、刘成林、李显进、杨明宇、杨颖、丛威、唐青、刘可、何周和官小波。

如果您在学习的过程中遇到什么困难或疑惑，可以联系我们，我们会尽快为您解答。我们的联系方式为：QQ群：122144955；网址：http://www.jzbooks.com。

九州书源

目录

第01章　选购我的第一台数码相机

1.1　了解数码相机 2
　1.1.1　数码相机的种类 2
　1.1.2　找寻适合自己的数码相机 5

1.2　选购数码相机的7个常见问题 7
　1.2.1　什么是CCD与CMOS 7
　1.2.2　多大像素才能满足使用 8
　1.2.3　对相机附加功能的选择 8
　1.2.4　数码变焦的作用 9
　1.2.5　现场测试LCD 9
　1.2.6　查看现场拍摄效果 9
　1.2.7　如何区分水货与行货 10

1.3　选购卡片机的技巧 12
　1.3.1　选购机身 12
　1.3.2　选购卡片机保护套 13
　1.3.3　选购存储卡 13
　1.3.4　选购电池 15

1.4　选购一套完整的单反相机 16
　1.4.1　选购机身 16
　1.4.2　选购镜头 18
　1.4.3　选购闪光灯 22
　1.4.4　选购脚架 23
　1.4.5　选购摄影包 25

1.5 更进一步——二手摄影器材的
选购技巧 26
♂ 第1招 端正购买二手器材的
态度 26
♂ 第2招 不宜选购的二手器材
问题 27
♂ 第3招 不影响二手器材寿命
的情况 27
♂ 第4招 二手摄影器材的等级
划分 28
1.6 活学活用 28

第02章 数码相机快速上手

2.1 为拍摄做准备 30
2.1.1 卡片机的基本初始操作 30
2.1.2 卡片机主要功能的操作 32
2.1.3 单反相机的基本初始
操作 33
2.1.4 单反相机的主要菜单
设置 36
2.1.5 卡片机与单反相机的
不同拍摄姿势 38
2.2 解析数码相机常用的专业术语 40
2.2.1 什么是光圈 40
2.2.2 什么是快门和B门 41
2.2.3 什么是ISO 42
2.2.4 什么是曝光 43
2.2.5 什么是景深 44
2.2.6 什么是色温与白平衡 45
2.2.7 什么是测光 46
2.3 合理选择数码相机的拍摄模式 47
2.3.1 能让我们偷懒的Auto

　　　　　模式 47

　2.3.2　人像模式专业拍摄人像....48

　2.3.3　使远焦景物更清晰的风景
　　　　　模式 48

　2.3.4　留住精彩瞬间的运动
　　　　　模式 49

　2.3.5　拍摄细微部分的微距
　　　　　模式 50

　2.3.6　让晚上风景更迷人的夜景
　　　　　模式 51

2.4　卡片机特有的拍摄模式.............52

　2.4.1　夕阳模式 52

　2.4.2　焰火模式 53

　2.4.3　烛光模式 54

　2.4.4　儿童模式 55

2.5　数码相机的使用技巧.................56

　2.5.1　快门按钮的操作技巧........56

　2.5.2　取景器的使用技巧 57

　2.5.3　善用遮光罩 58

　2.5.4　正确选用曝光模式 59

　2.5.5　数码相机的日常维护.........62

2.6　更进一步——保障成像质量的技巧...63

　⚙第 1 招　灵活使用曝光补偿
　　　　　　功能 63

　⚙第 2 招　快门延迟与快门时滞对
　　　　　　摄影的影响....................64

2.7　活学活用 64

第03章　摄影者的眼力

3.1　什么样的照片才算好.................66

　3.1.1　好照片要有主题.................66

3.1.2 能吸引人的就是好照片 67
3.1.3 色彩和谐很重要 67
3.2 拍好照片的关键 68
3.2.1 主体鲜明 69
3.2.2 取舍适当 70
3.2.3 简洁的背景 71
3.2.4 善用光线 72
3.2.5 简洁的构图 73
3.3 拍好照片的惯用技法 75
3.3.1 制作照片虚化感 75
3.3.2 故意抖动制作模糊感 77
3.3.3 利用夸张拍摄获取强烈的视觉
冲击 78
3.3.4 使用色彩体现不同的艺术
效果 80
3.3.5 抓住时机创造有趣的错觉
效果 85
3.4 更进一步——数码照片拍摄技巧 ...86
第 1 招 消除水面或者树叶上的
杂乱反射光 86
第 2 招 拍摄出影调层次完美的
照片 86
3.5 活学活用 86

第04章 攻克构图

4.1 学会构图 88
4.1.1 如何学习构图 88
4.1.2 学会处理照片中主体与
陪体间的关系 89
4.2 常用经典构图法则 90
4.2.1 九宫格构图 90
4.2.2 三分法构图 91

4.2.3 三角形构图 92

4.2.4 直线构图 93

4.2.5 对称构图 97

4.2.6 曲线构图 99

4.2.7 中央重点构图 101

4.3 常用的趣味构图法 102

4.3.1 V字形构图 102

4.3.2 C字形构图 103

4.3.3 L字形构图 104

4.3.4 框形构图 106

4.3.5 封闭式构图和开放式
构图 108

4.3.6 远近大小对比构图 109

4.4 更进一步——攻克构图
不可不知的事 110

第1招 移步换景就是秘诀 110

第2招 选择水平画幅还是
垂直画幅 111

第3招 构图禁忌 112

第4招 二次构图的方法 112

4.5 活学活用 112

第05章 光线就这样用

5.1 不同光源下的拍摄 114

5.1.1 顺光拍摄 114

5.1.2 侧光拍摄 115

5.1.3 顶光拍摄 116

5.1.4 逆光拍摄 118

5.2 常见的其他光线拍摄 122

5.2.1 阴天拍摄 122

5.2.2 轮廓光拍摄 123

5.2.3 影子拍摄 124

┃5.2.4　剪影拍摄..........................126

5.3　更进一步——光线使用小

　　妙招.......................................127

　♂ 第 1 招　在室外光线下拍摄
　　　　　　人像的技巧.................127
　♂ 第 2 招　使用闪光灯补光.........127
　♂ 第 3 招　反光板和柔光板.........128

5.4　活学活用..............................128

第06章　自然景观拍摄

6.1　自然景观拍摄常识.................130
　┃6.1.1　器材准备.........................130
　┃6.1.2　如何选择自然景观拍摄
　　　　　景别.............................132
　┃6.1.3　自然景观拍摄注意事项....137

6.2　拍摄天然景观.........................138
　┃6.2.1　拍摄天空.........................138
　┃6.2.2　拍摄山村田园风光.........139
　┃6.2.3　拍摄日出日落.................141
　┃6.2.4　拍摄山景.........................143
　┃6.2.5　拍摄雨景.........................145
　┃6.2.6　拍摄海景.........................147
　┃6.2.7　拍摄雪景.........................148
　┃6.2.8　拍摄瀑布.........................151

6.3　拍摄旅游风光.........................153
　┃6.3.1　拍摄水乡古镇.................153
　┃6.3.2　拍摄火车外的风景.........154
　┃6.3.3　如何航拍.........................155
　┃6.3.4　拍摄景点纪念照.............156

6.4　更进一步——自然景观

　　拍摄小妙招..............................158

♂ 第 1 招　大雾天气的拍摄方法...158
♂ 第 2 招　拍摄彩虹的技巧..........159
6.5　活学活用.............................160

第07章　人物写真拍摄

7.1　人物写真拍摄常识.................162
▌7.1.1　人像摄影镜头的选择........162
▌7.1.2　掌握人物与景物之间的
　　　　关系.........................163
▌7.1.3　使用简洁的背景突出
　　　　主体.........................164
▌7.1.4　适当留白.....................165
▌7.1.5　寻找拍摄创意.................165
▌7.1.6　使用不同光质拍摄人物......166
▌7.1.7　人物摄影的注意事项........167
7.2　人物写真实战拍摄....................168
▌7.2.1　抓住儿童的面部表情........168
▌7.2.2　拍摄婚庆靓照 169
▌7.2.3　使用高调与低调的手法
　　　　拍摄人物 172
▌7.2.4　拍摄慈祥的老人..............173
▌7.2.5　拍摄集体照 174
▌7.2.6　拍摄舞台表演照 176
▌7.2.7　拍摄阴天人物照..............177
▌7.2.8　拍摄人物剪影 179

7.3　更进一步——人像摄影小妙招...181
♂ 第 1 招　掩饰人物缺点的方法...181
♂ 第 2 招　如何让你的模特摆
　　　　　 POSE 182
7.4　活学活用.................................182

第08章　场景拍摄

8.1　建筑物拍摄 184
8.1.1　仰拍建筑物 184
8.1.2　俯拍建筑物 186
8.1.3　利用光线美化拍摄 187
8.1.4　拍出建筑物的结构美 189
8.1.5　在建筑拍摄对称性中取舍 191
8.2　夜景拍摄 192
8.2.1　夜景拍摄注意事项 192
8.2.2　拍摄都市街景 194
8.2.3　拍摄烟花 196
8.2.4　拍摄夜间车流的轨迹 198
8.2.5　将火焰拍摄得更加生动 200
8.2.6　使用望远镜拍摄星空 202
8.2.7　拍摄星星的轨迹 204
8.2.8　拍摄夜间动态虚影 206
8.3　更进一步——场景拍摄小妙招 207
♂第1招　利用湖光水镜拍摄建筑物 207
♂第2招　善于运用黑白照表现摄影艺术 209
8.4　活学活用 210

第09章　其他拍摄

9.1　动植物拍摄 212
9.1.1　不同镜头的使用 212
9.1.2　获取拍摄花卉的纯色背景 214
9.1.3　拍摄落叶 216

┃9.1.4　拍摄昆虫......................219

┃9.1.5　拍摄动物......................223

┃9.1.6　拍摄宠物......................226

┃9.1.7　拍摄水中的鱼类.......229

9.2　美食拍摄.............................232

┃9.2.1　美食拍摄的用光技巧.......232

┃9.2.2　美食的摆放讲究......234

┃9.2.3　有意修饰背景 235

┃9.2.4　使拍摄的美食更诱人....237

9.3　动态拍摄.............................239

┃9.3.1　拍摄赛场汽车......239

┃9.3.2　拍摄飞翔的鸟类......241

┃9.3.3　拍摄运动中的人物.........243

┃9.3.4　追随摄影法......245

9.4　静物拍摄.............................248

┃9.4.1　避免物体过于死板.........248

┃9.4.2　使用轮廓光表现物体
　　　　的形体 249

┃9.4.3　拍摄吸光物体......251

┃9.4.4　拍摄反光物体 252

┃9.4.5　拍摄出物体的形式美.......253

9.5　更进一步——数码摄影常用
　　　小妙招.............................254

♂第1招　拍摄宠物时的注意
　　　　事项......................254

♂第2招　连拍模式的运用.........255

♂第3招　抓拍的技巧.........255

♂第4招　处理光线的投影.........256

9.6　活学活用.............................256

第10章　数码照片后期处理

10.1 数码照片的输入......258

▌10.1.1 数码照片传输到电脑的方法 258

▌10.1.2 数码照片传输到电视机的方法 259

▌10.1.3 数码照片的格式......260

▌10.1.4 冲印数码照片 260

10.2 拯救失败的照片......264

▌10.2.1 认识光影魔术手 264

▌10.2.2 裁剪照片......265

▌10.2.3 旋转与翻转照片......267

▌10.2.4 调整亮度、对比度与Gamma......270

▌10.2.5 修正畸变照片 272

▌10.2.6 调整曝光过度与不足的照片......274

▌10.2.7 去除照片噪点 276

▌10.2.8 修正白平衡......278

10.3 光影魔术手处理技巧......281

▌10.3.1 制作胶片效果 281

▌10.3.2 制作个性效果 283

▌10.3.3 CCD死点测试与修复......285

▌10.3.4 包围曝光三合一......287

10.4 更进一步——数码照片处理小妙招......289

✂ 第1招 右侧快捷功能区的使用 289

✂ 第2招 多图组合......289

✂ 第3招 使用去雾镜......290

10.5 活学活用......290

☑ 想知道市场上有哪些知名的数码相机品牌吗？

☑ 想知道怎么根据自己的情况选购数码相机吗？

☑ 还在为买了水货相机而纠结吗？

☑ 想知道如何降低购买二手摄影器材的风险吗？

第 01 章
选购我的第一台数码相机

娜娜这段时间对摄影产生了兴趣，但她担心自己学不好，便找到了邻居阿伟。阿伟可是一位摄影发烧友，他曾经花费了一年的时间，带着自己的摄影器材走遍了半个中国，拍出了不少经典的作品。如今的他，已成为了许多摄影爱好者的老师。阿伟知道娜娜想学习数码摄影后，很是高兴，便告诉娜娜数码摄影其实很简单。

1.1 了解数码相机

阿伟告诉娜娜，学数码摄影首先需要一台数码相机，不同级别的摄影爱好者适合的数码相机也不一样。只有手中握着适合自己的数码相机，才能拍摄出更好的照片。

1.1.1 数码相机的种类

目前，市场上的数码相机种类繁多，很多人对数码相机的品牌和性能并不了解，一直找不到一款适合自己的数码相机。其实，要想知道什么样的数码相机才适合自己，还需要对数码相机的类型和品牌进行了解。

1. 数码相机的类型

数码相机按照其功能用途主要分为卡片机、长焦相机和单反相机，下面就将详细介绍各类型数码相机的不同之处。

■ 卡片机

专指外形小巧、超薄且设计时尚的数码相机，其在业界并没有明确的概念。卡片机有一个很大的特点就是可以随身携带。

卡片机的功能并不强大，而且很多功能都不能进行手动调节，在使用卡片机拍摄照片的过程中，大多数参数都是相机自动调节的。

代表机型：索尼T系列、奥林巴斯X系列以及佳能IXUS系列等。

优点：外观时尚、液晶屏幕大、机身小巧纤薄、操作便捷。

缺点：手动调节功能薄弱、耗电量大、镜头性能差。

■ 长焦相机

长焦相机就是拥有长焦镜头的数码相机，一般长焦相机都是具有较大光学变焦倍数的机型，能拍摄到更远的景物。

长焦相机的工作原理与望远镜的原理差不多，是通过镜头内部镜片的移动来改变焦距。在拍摄远处的景物时，使用长焦相机就最合适不过了。另外，焦距越长则景深越浅，有利于突出主体并虚化背景，使拍出来的照片显得更加专业。

代表机型： 索尼H系列、富士S系列等。

优点： 能拍摄出突出主体而虚化背景的效果、变焦倍数大。

缺点： 长焦端对焦较慢、画面质量差、体积大、机身重。

■ 单反相机

单反相机的全称为数码单镜头反光相机，英文缩写为DSLR。单反相机的一个很大的特点就是可以更换不同规格的镜头，这一点是普通数码相机不能比拟的。

单反相机的摄影质量比普通数码相机要好得多，主要是由于单反相机感光器件的面积大于普通数码相机，使得单反相机能将每个像素点表现出更加细致的亮度和色彩范围。

代表机型： 佳能EOS系列、尼康D系列以及奥林巴斯E系列等。

优点： 可以更换不同规格的镜头、能表现出更加细致的亮度和色彩范围。

缺点： 价格比前两类相机贵，且机身重。

新手解惑

Q： 单反相机除了可以更换镜头外，还有什么其他的优势吗？

A： 在当今，单反相机可谓是摄影爱好者必不可少的摄影工具之一。它除了可以更换镜头外，还有其他的优势，具体来说包括以下几点。

优势1： 开机与对焦速度快、连拍速度快，适合抓拍和新闻摄影等。

优势2： 成像质量好，影像细节和层次更丰富，色彩更逼真。

优势3： 电池更加耐用。一般情况下，单反相机每充电一次，正常拍摄可以达到500张以上。

优势4： 系统化的配件，更方便摄影者在各种环境下进行拍摄。

2. 数码相机的品牌

数码相机已经成为当前的流行元素之一，其制造商也越来越多。常见的品牌主要包括佳能、尼康、索尼、奥林巴斯、富士等。当然，数码相机的品牌往往不止这些，下面就以这些主流品牌为主进行介绍。

品牌名称：佳能
品牌特色：不管是卡片机，还是单反相机，佳能的成像效果都相当不错，其图像处理技术可谓世界一流。但是，佳能相机对新技术的推出不太热衷，家用机的操作反应也有点慢。

品牌名称：尼康
品牌特色：尼康的研发重心都在单反相机上。其画面好、锐度高、微距也颇为强悍，但电池寿命短、操作繁琐是其最大的缺点。

品牌名称：索尼
品牌特色：时尚型数码相机，主攻时尚路线，在外形的设计上有一定的特色，高科技感也很足。由于索尼没有自己的镜头，导致在成像方法上并没有太大的优势。

OLYMPUS®

品牌名称：奥林巴斯

品牌特色：奥林巴斯相机在画面、功
能、速度、电池等方面都处于中上水
平，在其他方面也有自己的优势，如相
机的除尘系统和快门的耐用程度等品质
和技术都很优秀，但是其色彩和饱和度
与佳能和尼康比起来确实要差一些。

FUJIFILM

品牌名称：富士

品牌特色：传统摄影器材生产商，市场
上随处可见富士生产的卡片相机和单反
相机。富士相机成像色彩鲜艳，尤其是
卡片机，但单反相机领域的市场占有率
相对较小。

▌1.1.2 找寻适合自己的数码相机

随着科学的不断进步，数码相机的品种也在不断更新。对摄影爱好者来说，不
管是不同品牌的相机还是同一品牌的不同机型，根据自己的需要选择适合自己的数
码相机才是最重要的。

1. 卡片机

低端的消费级数码相机类型，外观
设计华丽，一切以简单实用为主。

区别方法：通常，卡片机手感和做工都
比较一般，机身简单，重量轻，价格比
较便宜。例如，佳能IXUS115HS系列就
是卡片机。

相机定位：适用于拍摄一般风景、人物
照片的家庭用户。

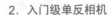

2. 入门级单反相机

具备摄影实践中所需的所有拍摄功能，并且外观精致。

区别方法：通常指的是数码单反相机，而非卡片机。其价格一般在万元以下，各大相机品牌厂商都推出有入门级的相机，如尼康D5100、佳能EOS 550D、宾得 Kx以及索尼A580等。

相机定位：适用于一般家庭用户、摄影初学者。

3. 准专业级单反相机

与入门级单反相机比，准专业级单反相机在相机的操控性和可靠性方面进一步的提高，其连拍速度、测光模式和环境适应能力等细节方面比入门级单反相机都有大幅提升。

区别方法：通常，价格比入门级相机高，一般在一万元以上，如尼康D700、佳能EOS 7D以及索尼α900等。

相机定位：适用于有一定经济实力的摄影爱好者和职业摄影师。

新手解惑

Q：入门级单反是不是拍摄效果很差？是不是该买准专业级的呢？

A：入门级单反相机不管是从感光元件还是像素上与准专业的相机进行比较都不逊色。当摄影者的摄影技术提升后，使用入门级单反相机拍摄的效果与准专业级的相机相差不大，只是机身的操控性、对恶劣环境的适应能力以及高速连拍等硬性指标确实不如准专业级的数码相机。

4. 专业级单反相机

集最新科技于一体的高科技产品，价格昂贵是最大的特点，具备超好的画质和超快的反应速度。

区别方法：拥有全金属外壳，超强的防水和防尘功能，通常价格在2万元以上，如尼康D3X、佳能1D Mark IV。

相机定位：适用于职业摄影师。

1.2 选购数码相机的7个常见问题

为了学习数码摄影，娜娜决定买一个入门级的单反相机。今天，娜娜在同事小李的陪同下，去数码广场选购新机。刚上车，娜娜就想起了阿伟告诉自己的选购数码相机常见的7个问题。

1.2.1 什么是CCD与CMOS

CCD与CMOS都是数码相机的感光器件，而感光器件就是数码相机记录信息的载体。通俗地讲，CCD与CMOS就相当于传统相机的"胶卷"。

感光器是数码相机的核心，也是最关键的技术。数码相机中的感光器都是与相机一体的，那么具体来说CCD与CMOS各自有什么优缺点呢？下面就来给大家详细讲解吧。

1. CCD

CCD的中文名称为电荷耦合元件，也叫CCD图像传感器，作用是把光学影像转化为数字信号。

优点：成像质量高，噪声小。

缺点：光效率较低，耗电量大。

2. CMOS

CMOS的中文名称为互补金属氧化物半导体，是一种通过电压控制放大电子信号的元件。

优点：耗电量小，更有利于像素的集成，未来发展趋势较好。

缺点：敏感度一般，噪点控制能力有限。

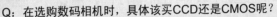

Q：在选购数码相机时，具体该买CCD还是CMOS呢？

A： 许多摄影初学者在感光器件的选择上都很纠结，总想在两者间买一个最好的。其实，市面上销售的数码相机，不管是采用CCD还是CMOS作为感光器材，都具备相当高的成像品质，两者基本上没有明显的差异。在购买时，根本用不着过多考虑两者之间的差别。

1.2.2 多大像素才能满足使用

像素这一概念对大家并不陌生，在购买数码相机时，像素也是一个重要的参数，而决定像素大小的关键就是图像分辨率。图像分辨率是数码相机可选择的图像大小及尺寸，单位为dpi。通常所说的800万像素的数码相机，其最大图像分辨率为 $3264 \times 2448 = 799$ 万像素。像素越高，最大输出的影像分辨率也就越高。

一些初学者认为，像素越高，照片质量越好，照片越清晰。其实，像素只跟照片输出的图像大小有关，跟图像的质量关系并不大。像素越高，能够洗印的照片越大，而不是照出来的照片越清晰。

目前，主流数码相机的分辨率至少都达到了1000万像素以上，有的甚至到达了1200万像素。购买数码相机时，在价格合理的情况下，购买最新款的高像素相机也是合情合理的。在拍摄时，可以根据后期打印输出的需要来决定选择多大的分辨率。

1.2.3 对相机附加功能的选择

视频输出、播放音乐、看电影以及多个预览功能都属于相机的附加功能，那么这些功能对于相机来说是不是越多越好呢？

一般卡片机中都有附加功能，但附加功能越多不仅会增加购机成本，还会增加出故障的概率。通常情况下，购买相机后，很多附加功能都没有被使用，如视频输出功能。目前，一个数码摄像头的价格并不高，如果将数码相机作为摄像头来使用，可能会缩短产品的使用寿命，得不偿失，所以在购买数码相机时，一定要对产品的附加功能进行合理地选择。

1.2.4 数码变焦的作用

数码变焦这个专业名词在数码产品的卖场中随处都能听见。许多初学者都被销售人员吹嘘数码变焦带来的惊人效果而迷失了方向，把数码变焦作为了购买数码相机不可缺少的功能之一。

其实，数码变焦只是为了弥补光学变焦受到范围限制的不足，实际上数码变焦并没有改变镜头的焦距。数码变焦的主要作用就是通过数码相机内的处理器，把图片内的每个像素面积增大，从而达到放大的目的。这一功能可以在图像的后期制作中通过一些图像处理软件达到同样的效果，购机时不必过于关心数码变焦的倍数。

1.2.5 现场测试LCD

不管是卡片机还是单反相机都有LCD显示屏，其最大的优点就是可以通过LCD显示屏直接观看拍摄的画面效果。卡片机的LCD显示器主要用于实时取景，单反相机的LCD显示屏不能用于实时取景，主要用于查看拍摄结束的照片效果。LCD显示屏的画面色彩、对比度与在电脑中看到的实际影像误差较大，所以在选购数码相机时，一定要现场测试LCD显示屏。测试LCD主要是指测试LCD的坏点，主要包括暗点、亮点和彩点测试。

■ 暗点测试：打开数码相机后，对准纯白色的物体，让整个LCD屏幕显示白色，如果发现有不发光的就是"暗点"。

■ 亮点测试：与暗点测试基本相同，使整个LCD屏幕显示黑色，可以通过对数码相机完全遮光来实现。如果发现有发光的地方就是"亮点"。

■ 彩点测试：与前两者方法基本相同，用相机对准红、绿、蓝等彩纸进行检测。

1.2.6 查看现场拍摄效果

在购买相机时，进行现场拍摄同样重要。在现场进行拍摄，不仅可以直接感受数码相机的操作难易程度，感觉是否适合自己的操作习惯，还可以了解相机的功能设备是否完好，拍摄画面的清晰度和色彩如何。

在进行现场拍摄时，可以随意进行拍摄，拍摄的目的在于查看拍摄效果，不必太在意拍摄对象。

1.2.7 如何区分水货与行货

其实，水货与行货的辨别方法也很简单。在购买相机时，主要可以从如下几个方面着手辨别。

新手解惑

Q：到底什么是水货与行货相机？它们有什么区别？

A：水货相机与行货相机在生产质量上相差不大。行货是厂家通过正规途径、正当渠道，在国内合法销售的产品。行货与水货最大的区别就是水货没有售后服务。

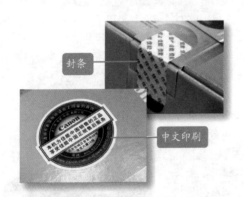

封条

中文印刷

1. 对包装盒进行鉴定

购买新机时，包装盒上面一般都采用了中文或中英文结合印刷的。未开封的包装盒封口处都贴有印有代理商名号的标签。如果包装盒上只有英文或者印刷的中文是繁体，那多为国外或者香港生产的水货产品。

2. 说明书与保修卡

拆开包装盒后，盒子里面的说明书以及保修卡也可用于鉴别行货、水货。

行货都采用简体中文印刷说明书，但也并不是所有的水货都没有说明书和保修卡。一些商家为了卖出自己的水货产品，还会通过其他渠道制作出说明书和保修卡。通常，这些非行货原配的说明书，纸张以及印刷质量都比较差，很容易辨别出来。

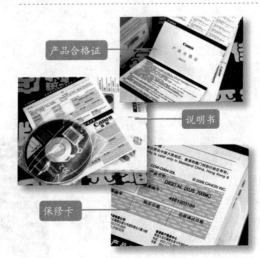

产品合格证

说明书

保修卡

3. 通过功能菜单鉴定

其实，通过功能菜单鉴定相机的方法也是应用了水货相机没有中文菜单的特点。

目前，在中国境内销售的正规数码相机都具有简体中文菜单。但是，通过功能菜单鉴定相机，一定要进入相机菜单中查看"LANGUAGE/语言"菜单项中是否有"简体中文"选项。

4. 致电厂商查询

生厂商在生产每一台数码相机后，会为该台相机进行编号，并记录在电脑中。购买相机时，可以通过致电厂商800电话，按照提示输入相机的编号，查询相机的真伪。一般相机的编号和800免费电话都粘贴在包装盒和保修卡中。

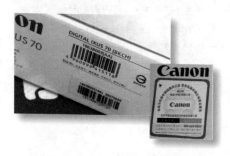

识别各品牌数码相机行货防伪标识的技巧

各品牌数码相机基本上都有自己的防伪标识。由于品牌不一样，所以防伪标识也各不相同，下面就简单讲解各品牌防伪标识的识别技巧。

佳能： 佳能行货的防伪标识就是一次性封条设计，撕开后会有"已拆封"字样。

尼康： 尼康行货相机包装上有橘黄色"真品保证"贴纸，上面印有免费查询电话和网址。

索尼： 索尼行货的防伪贴纸在外包装盒的一侧，为金色激光贴纸，并且采用的是白色一次性封条封口。

富士： 富士行货外盒上的防伪贴纸为黄色，上面印有正品免费查询电话。

松下： 松下行货外包装上没有防伪标贴，保修卡为绿色，购买后可以在松下网站上查询是否为正品。

宾得： 宾得行货在外包装上有黄色圆形的"宾得正品"字样贴纸和银色激光防伪标志。

1.3 选购卡片机的技巧

听了阿伟告诉娜娜的选购注意事项，小李也决定购买一台卡片机学学数码摄影。娜娜听了非常高兴，决定到达数码广场后先陪小李购买卡片机，然后再去选购自己的单反相机。

1.3.1 选购机身

卡片机的机身是最重要的部分，集合了大部分物理按键，所以机身的选择一定要合理，下面将根据价格的分类对卡片机的选购做简单介绍。

1. 选购1000元内的机身

1000元内的卡片机机身虽然在做工方面不太精致，但一般都有自动跟踪对焦和面部优先对焦功能。

代表机型：尼康S4150、悦派YP-S8、惠普CW450t。

尼康S4150

奥林巴斯TG-310

2. 选购1000~2000元的机身

该类卡片机在做工方面相对较好，像素通常在1400万左右，非常适合家庭出游拍摄景点风光照。一般家庭选购卡片机都在该价格范围内。

代表机型：奥林巴斯TG-310、索尼WX30。

3. 选购2000~3000元的机身

该类数码相机在卡片机中算是中等偏上的机型了，部分品牌的相机还具有手动调节功能，非常适合有手动设置拍摄参数爱好的摄影者。

代表机型：佳能S95、卡西欧H20、尼康COOLPIX P7000。

佳能S95

1.3.2　选购卡片机保护套

卡片机保护套只能放置一台卡片相机，主要起保护卡片机的外观，防尘、防水的作用。

注意事项：在购买卡片机时，商家一般会赠送一个保护套。如果用户需要更换一个，只需要注意选择具有外壳坚固、最好有缓冲气囊或相同功能设计且背带结实的保护套即可。

1.3.3　选购存储卡

如今，市场上的数码相机像素都比较高，自然也增加了照片的占有空间，而自带的一张存储卡根本不能满足使用需求，许多用户都会在购买数码相机的同时，再选购一张存储卡。数码相机存储卡的种类很多，但每种数码相机所能使用的存储卡一般也就一两种，目前市场上常见的存储卡主要有CF卡、SD卡、记忆棒和XD卡等。

1. CF卡

CF卡是目前应用最为广泛的存储卡，它不带驱动器和其他的移动部件，出现机械故障的几率非常小，从而使存储的图像数据更为安全。

优点：使用寿命非常长，容量大，读写速度快，价格便宜。

缺点：CF模块在设备与安装程序之间不存在互换性，不能直接运行程序，功耗大，直接影响到电池的续航时间。

2. SD卡

SD卡是一个完全开放的存储卡标准，广泛应用在多类数码产品中。

优点：价格便宜，读写速度快，具有加密功能，可以保证数据资料的安全保密。

提示：目前，市场上SD卡的品牌很多，如SanDisk、Kingmax、松下、Kingston等。各品牌的SD卡的特点有所差异，其优缺点不能一概而论。

3. 记忆棒

记忆棒（Memory Stick卡）是索尼推出的存储卡产品，目前广泛用于索尼生产的数码相机、数码摄像机和PSP等数码产品中。

优点： 具有高度抗震能力；数据交换的可靠性高；具有自洁功能；设计有预防删除开关，有效地避免了意外丢失重要数据的情况。

缺点： 与其他存储卡相比，容量较小，价格较高。

4. XD卡

XD卡是奥林巴斯和富士联合推出的一种新型存储卡，是目前较为轻便、小巧的数字闪存卡。

优点： 读写速度快，功耗低。

缺点： 价格有些昂贵，用读卡器格式化，易造成卡的格式错误。

教你一招

使用数码相机存储卡的8大注意

存储卡是数码相机必不可少的配件之一，不正当的使用会导致存储卡数据丢失，甚至损坏。下面总结几点使用注意事项供大家参考。

注意1： 开机状态下，不要热拔插，否则易造成存储卡损坏或数据丢失。

注意2： 插卡用力要均匀，且插卡要注意方位，装入后要确保关好开关。

注意3： 长时间不使用时，应将卡取出。取卡时，要注意避免将卡掉落在地上。

注意4： 经常将存储卡中的数据转存到电脑中，降低数据丢失的风险。

注意5： 谨慎格式化，一般尽量少在电脑上格式化存储卡。

注意6： 当存储卡在工作时，应避免过大的震动，以免造成数据错误或丢失。

注意7： 避免在高磁、高温、高湿度下使用和存放。

注意8： 不要重压、弯曲存储卡，最好将存储卡放在抗静电袋中保管。

1.3.4 选购电池

通常情况下，购买数码相机时会配送一块原装电池，但许多用户都会在购买数码相机后再选购一块电池，以保障拍摄过程中电量充足。目前，数码相机中主要使用的是锂电池和镍氢充电电池。

1. 锂电池

数码相机一般采用高性能的锂电池，它重量轻、便于携带，且寿命长，可随时进行充电。

用户可购买副厂生产的锂电池，这种厂商生产的电池性能不错，而价格可能只要原装电池的一半或者更低。

在选择副厂电池时，为了使用的安全，建议选择知名厂家的商品。生产锂电池的厂家主要有飞毛腿和品胜等。

新手解惑

Q：购买锂电池时还需注意哪些问题？

A：购买锂电池时，需注意购买的电池是否和机身匹配。此外，电容也是购买时需要注意的参数。若是作为备用电池，一般选择1500~2000毫安即可；若作为主力电池，可购买2500毫安的锂电池。

2. 镍氢充电电池

除了使用锂电池外，部分相机还支持使用镍氢充电电池。使用该电池的好处在于轻便、价格便宜，且电容较大，但使用寿命比锂电池短。

主要的镍氢充电电池生产厂家有品胜、索尼和三洋等。

提示：一般用户若是在户外拍摄大量的风景画或在摄影棚中进行摄影，最好携带两块电池。若是遇到严寒，可将备用电池放置在保温的衣服口袋中，以免低温降低电池性能。

1.4　选购一套完整的单反相机

单反相机的各个部件非常独立，要组成一台适合自己的单反相机，需要对相机每个部件进行选购。当然，这些选购技巧阿伟早已经告诉了娜娜，娜娜正根据阿伟讲解的技巧进行选购。

1.4.1　选购机身

单反相机的机身选择也要合理，根据实际需求来选择机身的档次。选购机身千万不要为了显得专业，将高价钱购买的高档机身当傻瓜相机用，也不要退而求其次，以致出现相机功能达不到需要，想更换相机的念头。

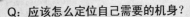

新手解惑

Q：应该怎么定位自己需要的机身？

A：选择机身对机身的定位很重要，对摄影了解不深的朋友可以通过自问自答以下几个问题作为定位机身的参考。

问题1：购买机身的预算金额是多少？

问题2：购买数码相机的主要用途是什么？

问题3：外出旅行携带相机的频率高吗？

问题4：平时相机的使用频率高吗？

购买数码相机的人群可分为：商业摄影者和业余摄影爱好者。其中，商业摄影者就是指专业的从事摄影职业的摄影师，一般选择高档的专业级机身。对业余爱好者来说，以外出旅游、日常拍摄居多，可选择入门级或准专业级为主的机身。下面为大家推荐几款性价比不错的机身做参考。

■ 佳能EOS 550D

推荐理由：具有1080P高清视频录制功能，1800万像素CMOS传感器，3英寸3:2液晶屏幕，104万像素，操作非常舒适。

■ 尼康 D5100

推荐理由：画面、画质表达力很不错，搭载了一块1620万像素DX尺寸CMOS传感器，在静态拍摄性能方面有了大幅提升。

■ 奥林巴斯 E-620

推荐理由：防抖机身，除尘功能好，机身做工优良，小巧、携带方便，色彩还原真实。

■ 佳能EOS 7D

推荐理由：准专业级单反数码相机，手感好，对焦快，图像细腻，闪光灯拍摄效果不错，测光准，色彩漂亮。

■ 尼康D700

推荐理由：无论是解析度、对比度还是颜色的真实性，都超过了同级别的许多机型。其操作性极佳，手感好，噪点控制力相当不错，锐度高、画质细腻。

教你一招

业余爱好摄影机身的选择忠告

对于以外出旅游拍摄居多的业余爱好摄友，可以选择机身做工更好、性能更加出色的机身，但选购机身时一定要视经济能力而行。

1.4.2　选购镜头

　　镜头的种类比较多，不同的镜头功能也各不相同。想要熟练地玩转数码摄影，选购镜头是必不可少的事情，下面将对镜头的一些知识进行介绍。

新手解惑

Q：在购买单反相机时，已经配送了一个镜头，为什么还要购买呢？

A：购买单反相机时，如果不是购买单反机机身，都会配送一个标准镜头。镜头对于单反相机非常重要，标准镜头往往不能满足摄影者的实际摄影需求。其实，很多时候并不是为了机身选购镜头，而是刚好相反，由此可见镜头的重要性。

1．镜头的种类

　　目前，市场上的镜头很多，要想充分利用好手中的镜头，就需要了解各种类的镜头的作用。下面对镜头的种类进行简单介绍。

■ **标准镜头**

　　又称为标头，指焦距长度接近或等于底片到传感器对角线长度的镜头。画幅不同的相机，标头的焦距也有所不同，但视觉都接近于人眼的正常视角。

特点：与人眼观看的效果类似，显得特别亲切、自然。标头孔径大、成像质量出众、价格低廉，是每个单反用户的必备镜头之一，多用于普通风景、人像、抓拍等摄影场合。

■ 广角镜头

指焦距小于标头、视角大于标头的镜头。广角镜头的视角一般在70°左右，如果镜头的视角在80°~110°，则称为超广角镜头。

特点：景深大，有利于获得被摄画面全部清晰的效果；视角大，可以在有限的范围内获得较大的取景范围，所以广泛用于房地产行业的拍摄和需要表现夸张或变形的摄影场合。

■ 鱼眼镜头

一般焦距在16mm以下，视角在180°左右的镜头就可以称为鱼眼镜头，它是一种极端的超广角镜头。

特点：视角大，被摄范围极广，价格昂贵，第一片镜片向外凸出，不能使用通常的滤镜，只能使用内置式滤镜。由于鱼眼镜头拍摄的照片存在严重的畸变，所以主要用于具有戏剧性效果的拍摄。

■ 折反镜头

又称为反射式镜头，是一种超远摄镜头，外观短而胖，重量比较轻便，适合手持拍摄。

特点：镜头结构简单，画质优良，但只有一档光圈，所以对景深控制不便。目前市面上流行的折反镜头价格低廉，多为俄罗斯生产，主要用于景深小、需要产生独特的朦胧效果的拍摄。

■ 微距镜头

是一种可以非常接近被摄物体进行聚焦的镜头。微距镜头形成的影像大小与被摄物体自身的大小差不多相等。

特点：微距镜头通常为中等焦距镜头，但也可以是任何焦距的镜头。价格通常比较昂贵，画质优秀，特别适合于拍摄昆虫、花卉、邮票、手表零件等题材。

提示：微距镜头上的1:1标记表示形成的影像与被摄物体尺寸相同，1:2的标记表示形成的影像是被摄物体的一半，2:1则表示为被摄物体的2倍。

2. 镜头的选购技巧

镜头对数码相机是相当重要的，是决定影像品质的关键。在卖场实际选购镜头时，还需要注意一些技巧，对镜头尽可能做到全面检查。

教你一招

选购镜头前的准备

在选购镜头前，建议摄影爱好者首先对想要购买的镜头进行详细了解。一般情况下，尽量少到卖场去询问，通常销售商家是不会告诉买家很多有用信息的，只会说一些赞扬产品的话，加快买家的购买速度。购买前，可找一些有经验的朋友询问，或在一些专业的论坛中了解，加深对产品口碑等信息的了解，做到心中有数。

污点

■ 检查镜头污点

将镜头朝着有光的一面，从镜头底部看出去。检查过程中，不断变换焦距，观察内部是否有小污点。镜头中的小污点通常在镜头的边缘，检查时要尤其注意。

提示：霉点是镜头中最严重的污点。特别严重的霉点会侵蚀镜片，导致镜头无法使用。霉点一般是由于镜头潮湿或保存不当而造成的。

■ 检查有无异常响声

轻轻摇动镜头，检查镜头有无异常的响声。如果在摇动过程中能听到"咔吱咔吱"的异常响声，则有可能是镜片压圈松动，导致镜片移动碰撞而发出响声。

提示：镜片移动会造成各镜片不能共轴，从而直接影响镜头的成像质量。

镜片共轴

■ 检查镜头外表面

仔细观察镜头的外表面是否光滑洁净，无磕碰痕迹、无划伤、无磨损、无锈迹，电镀层应无泛黄、无锈蚀、无剥落的现象，装饰皮革应平整美观、无翘起，表面喷涂应平滑、无脱落和无明显的颜色不匀现象。

检查外表面

■ 检查镜面

观察镜面是否清澈，做工精细的镜头，其镜面应深沉、黑暗，内部没有反光。

提示：在检查镜头镜面时，如果发现影像非常清晰、很明亮地印在镜片上，则该款镜头一定不是一款高端镜头。

■ 检查镜头底面

把镜头倒立过来，将焦点调到最近处，然后将镜头稍微倾斜，查看能不能看见3种颜色，如果少于3种颜色，则表示厂家省去了一些造价贵、做工精细的多层镀膜工艺，而该镀膜决定了光线传递质量的高低和彩色均衡的好坏。

新手解惑

Q：镜头的价格昂贵，想选购一个二手镜头，该注意哪些呢？

A：选购二手镜头，一定要像选购新镜头那样精挑细选，下面总结一下选购二手镜头的技巧。

技巧1：看看镜头的使用痕迹、镜筒磨损掉漆、光圈锈蚀等情况。查看使用痕迹时，尽量找镜头上使用频率较高的地方。

技巧2：看镜片是否被拆过，如果发现镜头被拆过，千万不要购买。

技巧3：看叶片是否生锈、变形，叶片是否松动，光圈各档的准确性等。

技巧4：看看镜头原装附件，如果附件齐全，即使价格稍贵也值得选择。

1.4.3 选购闪光灯

在数码摄影系统中，机身和镜头是最关键的配件，其次是闪光灯。目前，入门级和准专业级单反相机都自带了内置闪光灯，能在一定程度上弥补光线不足。如果内置闪光灯不能满足拍摄需求，就需要购买一个外置闪光灯。

闪光灯的选购很简单，选购前要明确需要购买有什么功能的闪光灯，然后到卖场有目的地试灯，并检查外观有无划痕，液晶屏有无黑斑，触点有无破损，各个按键和功能是否正常。最主要的是在现场拍摄几张照片，看曝光是否正常。

内置闪光灯

佳能 430EX II
外置闪光灯

1.4.4 选购脚架

由于单反相机的机身和镜头都比较重，在拍摄时比较费劲，不少摄影爱好者都选择购买一个脚架来固定相机，尤其是喜欢风光摄影的爱好者，更需要一个脚架来辅助拍摄。

1. 脚架的分类

按照脚架的外形，可以将脚架分为八爪鱼脚架、普通三脚架和独脚架，下面将分别对各种脚架进行简单介绍。

■ 八爪鱼脚架

八爪鱼脚架的型号有大有小，携带方便，能方便地将卡片机或单反相机固定在任何地方、任何物体上，帮助摄影爱好者完成各种场合的拍摄。

■ 三脚架

日常生活中，我们常见的脚架就是三脚架。三脚架的作用无论是对于业余用户，还是专业用户，都是不可忽视的。在所有的脚架中，三脚架的稳定性最好，但是三脚架比八爪鱼脚架要重很多，携带不方便，这也成为了一些摄影爱好者不会随身携带三脚架的原因之一。

■ 独脚架

独脚架与三脚架不同，独脚架是使用一条腿来替换标准三脚架的三条腿。这一欠缺稳定的特点决定了独脚架不适合需要长时间曝光的拍摄。独脚架在携带性、使用灵活性方面具有独特的优势，在拍摄一些无规则运动的场合，更体现出了它的灵活性。

2. 选购脚架的方法

了解了脚架的分类后，就可以去卖场选购合适的脚架。下面介绍几个选购脚架的方法，帮助摄影爱好者购买到合适的脚架。

■ 测试脚架的基本结构

选购脚架时，首先要对脚架的张合情况、升降情况、各环节的旋转情况进行测试，看使用是否顺手，有无过松或过紧的情况，并查看脚架中的螺丝和手柄是否有相互妨碍的现象。

■ 测试脚架的抗共振能力

展开脚架的所有腿，一只手握住脚架的一条腿中间，另一只手敲弹其余脚架，感受震动在两只手之间的传递时间。时间越长，抗共振能力越差；时间越短，抗共振能力越强。

■ 测试脚架的稳定性

在脚架所有的腿完全展开的状态下，用手按住脚架的三角座并用力向下压，按压的同时查看脚架有没有颤抖、抖动、弯曲以及外移的现象。如果测试过程中有上述任一种情况，则表明脚架的材料强度不够，在加工精度和工艺方面不够好，不建议购买。

▍1.4.5 选购摄影包

摄影包是比较个性化的东西，不同的器材是需要放在不同的摄影包中的。目前，市场上的摄影包种类比较多，各种摄影包间存在着一定的性能差异。在选购之前多了解一些有关摄影包的知识，有助于在选购时做出正确的选择，下面将对各种摄影包进行简单介绍。

1. 便携三角包

小巧是便携三角包的最大特点。便携三角包只能放置一台单反相机和一个标准变焦镜头，而不能同时放置携带的多个镜头。

选购注意：在选购三角包时，用户可选择有夹层的三角包，这样可用三角包放置存储卡、电池、滤镜等。

2. 单肩摄影包

单肩摄影包能放置一定数量的单反器材。单肩摄影包是众多摄影爱好者最青睐的摄影包之一，主要是因为其容量大、结构多变，能够快速、方便地取出器材进行拍摄。

选购注意：单肩摄影包虽然很方便，但是长时间背负会比较累，尤其是在爬山时。在选购时，一定要注意单肩摄影包的背肩带是否舒适，最好现场背在身上感受一下是否省力。

3. 双肩摄影包

双肩摄影包不仅可以放置单肩摄影包可放置的所有器材，还可以装下超长焦距的镜头。双肩摄影包不会因为包身的不稳定性影响肢体的活动，所以特别适合登山出行。

选购注意：双肩摄影包的载重相当大，一般的双肩摄影包可装下两台单反相机、7只镜头和1个闪光灯。在选购双肩包时，要注意选择外壳坚固、附有缓冲气囊和内部隔板的双肩摄影包。若摄影包有腰带和胸带设计，在出行拍摄时能更好地减轻肩部的压力。

新手解惑

Q: 市面上的摄影包品牌和材料太多了，该如何选择呢？

A: 对摄影包的品牌其实不用太在意，不管是国内还是国外品牌的摄影包，质量都比较稳定，做工也很扎实。材料则以尼龙材料和帆布材料居多，其实这两种材料的摄影包都非常坚固，可防水，抗硬物冲击的性能也非常好。在购买摄影包时，主要是看是否适合自己的数码相机，另外再看其舒适度如何。

1.5 更进一步——二手摄影器材的选购技巧

通过学习和卖场中的实践，娜娜已经对数码相机的选购有了很深的了解。选购数码相机和配件，给娜娜最大的感触就是费用有点大，使娜娜萌生了选购部分二手配件的想法，于是娜娜拨通了阿伟的电话，准备向阿伟请教。

第1招 端正购买二手器材的态度

说到买二手摄影器材，很多摄影爱好者的目的都是为了节省费用，或者是因为预算确实不足，但要切记不能因节省开支就贪小便宜。许多二手经销商往往会抓住顾客贪小便宜的心理，推销一些看似性价比很好、非常实惠的产品给买家。其实，在二手市场除了省钱外，更重要的是可以随时更新摄影器材，所以在购买二手器材时不要抱着贪小便宜的心态。

第2招 不宜选购的二手器材问题

选购二手摄影器材时，要对器材的使用程度和剩余寿命进行评估，下面列举了几个常见的问题供评估参考。

现象1：发现器材有裂纹，通常是器材受到摔跌、碰撞等剧烈震动引起的。如果购买的是镜头，则该镜头剩余寿命不长，不宜购买。

现象2：发现器材不密封，如机身的外壳闭合处不密封，有明显的空隙。遇到该情况后，需要再对整个机身外壳进行检查，如果外壳较新，很有可能是商家将机身的原装外壳更换为了组装外壳；如果机壳比较旧，表示该机身可能曾经受到过摔跌或碰撞，这种器材一定要谨慎购买。

现象3：发现器材上面有油污，对于新的器材来说，油污是装配时向机械摩擦部位加油过量所致，对新器材的使用不会造成太大的影响，但是对二手器材来说，有油污属于不常见的事，除非是器材以前的持有者拆卸自行维护过器材，有这种情况的器材建议不选购。

现象4：发现相机LCD画面中的白色有污点，首先检查镜头内有无污点，如果更换了不同的镜头还出现污点，则有可能是感光器件CCD或CMOS上有污点或者死点。这种情况下，就不能选择该机身。

第3招 不影响二手器材寿命的情况

其实，并不是二手器材中出现了任何问题都会影响器材的使用。在前面介绍了几种常见的二手器材不宜选购的问题，下面将介绍一些选购二手器材常见但不影响正常使用的情况。

情况1：镜头的镜片上有指纹。这是手指直接触摸镜片后残留的痕迹，用专业的镜头清洁布将其擦干净即可。

情况2：脚架有少螺丝的情况。如果确实很喜欢该款脚架，可以让商家用另外的螺丝充当，或自己想办法解决。在这种情况下，并不会影响器材的寿命，还可以要求商家降低价格。

情况3：如果器材无原包装，但是有发票，则可以购买。一些朋友很在意器材的原包装，其实原包装对于器材保存没有多大的关系，当组成了一套完整的摄影系统后，还需要摄影爱好者购买一个设备箱进行保管。

第4招　二手摄影器材的等级划分

常去二手市场的朋友会听到商家说自己的器材有几成新，几成新就是在二手市场用于划分产品等级的，下面就对常见的等级特点进行介绍。

九八新：外观几乎全新，有完整的包装，附件齐全并且有发票，通常购买时间在1个月以内。一般这种器材不容易遇见，而且价格与全新器材相差不大。

九五新：外观只有轻微的痕迹，包装、附件和发票齐全。如果是机身，则快门使用应该在2000次以内，并且整机在保修范围内。

九成新：外观有轻微刮伤，配件齐全，器材使用应该在一年以内。

八五新：八五新的商品要求能完全正常使用，不可有掉色或掉漆的现象，屏幕上允许有轻微使用划痕，不可有零件更换，最好不要有维修史。

1.6　活学活用

（1）在数码相机专卖店中选购一台数码单反相机，注意鉴定数码相机是不是行货。

（2）在二手市场选购一个九五新的标准三脚架。

（3）选购一个广角镜头。

Life

NEW CENTURY

☑ 想玩转卡片机与单反相机吗？

☑ 想弄清楚数码相机那些抽象的专业术语吗？

☑ 你知道拍摄模式的选择技巧吗？

☑ 你还在为怎么玩数码相机而不知所措吗？

第02章
数码相机快速上手

娜娜今天可高兴了，因为她终于买到了属于自己的数码相机。想着自己以后也能成为阿伟那样的摄影达人，娜娜就无比兴奋。虽然娜娜以前没有使用过单反相机，就连家里面的卡片机都没有完全弄懂过，不过有阿伟在，怕什么呢？看着娜娜买回来的数码相机，阿伟非常满意。于是，他拿起相机，手把手地教娜娜如何使用，并告诉了娜娜一些数码相机的基础知识。阿伟对娜娜说："这些知识看似简单，但在学习数码摄影的过程中都有着举足轻重的作用。"

2.1 为拍摄做准备

阿伟看着娜娜自己安装数码相机的过程，心里惊了一下。他便告诉娜娜，数码相机都非常脆弱，一些不正当的操作很有可能会影响到相机的使用寿命，甚至损坏相机。说着说着，阿伟就将刚安装好的各部件拆卸下来，一步一步地给娜娜讲解。

▌2.1.1 卡片机的基本初始操作

购买回来的新相机，需要对其进行一些初始操作，如电池、存储卡以及腕带的安装，下面将详细讲解卡片机的基本初始操作。

1. 安装电池与存储卡

下面，我们就以安装索尼DSC-W350的电池与存储卡为例进行讲解。

第1步：打开电池舱盖

在相机底部找到电池舱盖，大部分卡片机都有一个舱盖锁装置，将其由"LOCK"推向"OPEN"即可打开电池舱盖。

第2步：安装存储卡

将存储卡凹角朝下插入存储卡槽。一般情况，存储卡需要向下按入插槽，当听见"咔嗒"的声音时，表示存储卡已正确插入。

第3步：安装电池

将锂电池按照相机所标记的方向插入电池槽，当电池退出杆锁定，表示电池已正确安装。

第4步：关闭电池舱盖

关闭电池舱盖，并将舱盖锁由"OPEN"推向"LOCK"，锁定舱盖。

提示：错误插入电池后，关上电池舱盖可能会损坏相机。

教你一招

为电池充电

卡片机的电池一般采用的是锂电池，可以随时对电池进行充电。在充电前，需要按照安装电池的方法将其取出。取出电池时，只需要拨开电池退出杆，电池将被自动弹出。充电时，需要注意应将电池按照正确的方向放置在充电器中。

2. 开机与关机

卡片机的电源按钮一般在机身顶部。通常，在电源按钮旁边都有"ON/OFF"标识，按下电源按钮即可完成开机操作。当需要关闭相机时，只需再次按下电源按钮即可。

3. 安装腕带

卡片机非常脆弱，在使用过程中，安全是不可忽视的问题。在购买相机后，配件中包含了一根腕带，腕带具有很强的强度和韧性。将腕带正确地拴在相机上，可以让摄影者在拍摄过程中为相机提供安全的保障。

▌2.1.2 卡片机主要功能的操作

在拍摄照片前，还需要对相机进行一些简单的设置，如选择正确的语言环境、设置合适的分辨率等。通过设置后，可以更好地进行拍摄。

1. 设置语言

为了方便不同国籍的摄友使用数码相机，各生产厂商都为数码相机设置了全球较常见的语言，供众多摄友选择。

2. 设置影像尺寸

设置影像尺寸即是对数码相机拍摄的照片大小进行设置。其中的10M、8M、5M、3M、VGA等分别对应1000万像素、800万像素、500万像素、300万像素和30万像素。

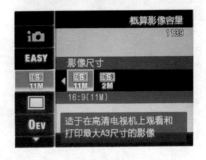

3. 设置相机系统时间

设置好数码相机的时间，当拍摄照片时，照片的属性会自动记录拍摄时间，有助于整理照片。

4. 播放与删除照片

拍摄完照片后，按相机上的"播放"按钮▶，可以使用数码相机的LCD取景器查看拍摄效果。如果需要删除照片，可以在菜单中选择删除功能，或在浏览到需要删除的照片时，按相机上的"删除"按钮🗑，然后在弹出的下一级菜单中选择需要的选项即可完成删除操作。

2.1.3 单反相机的基本初始操作

与卡片机一样，单反相机在购买后，同样需要进行初始操作。相对卡片机而言，单反相机的初始操作相对复杂。

1. 安装电池

单反相机的电池同样采用高能锂电池，电池作为单反相机的工作动力，需要正确安装在电池舱中才能正常使用。安装电池的方法很简单，首先打开位于单反相机底部的电池舱盖，按照标记的方向将电池推入舱内，然后关闭电池舱盖，即可完成电池的安装操作。

提示：入门级单反相机在机身与电池舱盖连接处用的是低廉的材料，使用时不要用力过大，以免损坏。

2. 为电池充电

与卡片机相同，单反相机也可以随时对电池进行充电。将电池取出后，必须使用单反相机专用的充电器进行充电。目前，单反相机的充电器大多提供了100V～220V的电压使用范围，以保障在不同电压地区的正常充电。

3. 安装存储卡

单反相机存储卡插槽一般都在机身的侧面，打开舱盖后，直接将存储卡插入即可，其操作方法和注意事项与安装卡片机存储卡相同。

4. 开机

单反相机的开关机构设计比较人性化，一般设计在模式转盘或快门附近。手持相机后，用拇指或食指轻轻拨动即可开启相机。

开关机构

5. 安装背带

单反相机背带作用与卡片机腕带的作用相同。另外，单反相机的机身比较重，所以正确安装背带需要得到重视。

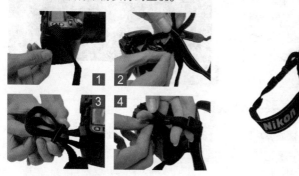

6. 安装镜头

单反相机具有可更换镜头的优势。这一优点也使得单反相机获得了更出色的扩展性。镜头的安装方法很简单，在关机状态下，先取下镜头后盖和机身遮盖，然后将镜头上的标记点与机身接环上的安装标记点对齐，然后沿顺时针方向转动（尼康镜头的转动方向为逆时针），直至旋转不动即可完成安装操作。

当拆卸镜头时，需要按住镜头释放按钮，同时沿安装镜头的反方向旋转镜头，即可完成卸载操作。

提示：更换镜头要迅速，并将机身镜头卡口朝下，避免机身内部长时间暴露在外导致灰尘进入相机。

7. 调节屈光度

通过调节屈光度，可以使不同视力的摄友在取景器中获得最大清晰度的影像效果，但是屈光度的调节范围有限，所以当调节屈光度按钮无法满足需求时，也可以购买适合自己的屈光度调节镜。

屈光度调节旋钮

▌2.1.4 单反相机的主要菜单设置

数码单反相机自身带有很多功能。为了操作更加方便，在使用前可以根据个人习惯进行相关设置，不同的单反相机菜单设置也有所不同，下面将简单介绍单反相机中一些重要的菜单设置的作用。

1. 设置画质

设置相机画质，可同时设置相机的分辨率、画质和格式。分辨率和画质都是直接影响照片数据体积大小的因素，分辨率是指单反相机长和宽像素的乘积，而画质则是指照片在压缩后的压缩率，压缩率越高，画质越差。

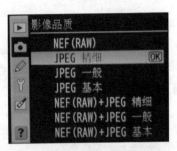

2. 设置图像尺寸

图像尺寸也是影响图像清晰度的因素之一，尺寸越大文件体积也就越大，但清晰度越高。在进行设置时，用户可根据以后照片需要输出的尺寸选择图像尺寸的大小。

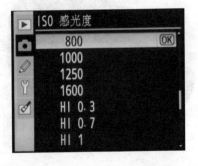

3. 设置ISO感光度

调整相机的ISO感光度在拍摄时非常重要。在光线不足的情况下，将ISO感光度调高，可将照片拍摄清楚。但使用这种方法并不是万能的，因为越高的ISO感光度意味着照片画质降低的幅度越大。

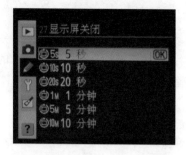

4. 设置显示屏关闭

单反相机显示屏一直处于开启状态会比较耗电。为此，可根据需要为相机设置屏幕关闭时间。设置关闭时间后，若在一定时间内不使用相机，单反相机将关闭显示屏。

提示：为单反相机设置待机时间可减少耗电量，若在设定的时间内没有操作相机，相机将会自动关机。

5. 设置显示屏亮度

在不同的环境下，可能会觉得显示屏过亮或过暗。此时，可对显示屏进行设置。但需注意的是，调整屏幕亮度后在显示屏上查看照片效果时，图像颜色会产生偏差。

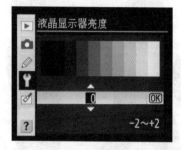

6. 设置网格显示

为了方便用户取景和构图，单反相机的取景镜中都会有网格。如果用户不习惯使用网格，可将其关闭。关闭后，取景镜中将只会显示对焦点，而不会显示网格。

7. 设置高ISO噪声消减

在光线不足的情况下，开启高ISO噪声消减功能有助于提高成像质量。当在光线充裕的情况下进行拍摄时，可将该功能关闭，以加快相机的拍摄速度。

提示：单反相机的菜单设置功能还有很多，有些设置与卡片机相同，这里不再逐一讲解。

▌2.1.5 卡片机与单反相机的不同拍摄姿势

要想使用数码相机拍摄出好的照片，拍摄姿势也很重要，只有正确的拍摄姿势才能"稳"住相机，继而拍摄出好的照片。卡片机和单反相机的各方面都有很大的不同，在拍摄姿势上也有所不同，下面将分别对其进行简单介绍。

1. 卡片机的常用拍照姿势

不要把手臂伸得太直，理想的形态是稍微留点调整量。双腋轻轻加紧，保证相机不会左右晃动。将相机的重量分散至胳膊和身体上，不要完全通过手来支撑相机。持机不要过分用力，过分用力反而会导致胳膊轻微颤抖造成手抖动，从而影响成像质量。拍照诀窍简单说来就是放松胳膊，保持自然的姿势。

新手解惑

Q：卡片机横向拍摄和纵向拍摄的姿势相同吗？

A：在使用卡片机纵向拍摄时，基本的姿势与横向拍摄大体相同。不过，纵向持机与横向持机相比，因为受相机形状的影响，有点不稳定，所以要用处于下方的手支撑相机，位于上方的手轻握住相机。由于肘部的位置也比横向持机时容易失去平衡，所以要注意手腕稍微向外翻。另外，当需要举起双手从高处进行拍摄时，可将双手举到同一高度，保持稳定的姿势，拿稳相机，略微分开双腿，保持身体的稳定，这样能更好地防止手抖动。

2. 单反相机的拍照姿势

单反相机的拍摄姿势比较讲究，横握与竖握相机的姿势都各有不同，下面将对单反相机的各种拍摄姿势进行讲解。

■ 右手握相机的姿势

右手握相机是最基础也是最重要的拍摄姿势。其方法是使用右手四指握住单反相机手柄，再将食指放在快门上，大拇指帮助握住单反相机的后方。

提示：很多单反相机在手柄处设有增加摩擦、防止打滑的材料。

■ 横握相机的姿势

横拍用于拍摄水平方向结构的照片，其方法是：左手放置于相机下方，托住镜头和机身，右手紧握相机手柄，一只眼睛和取景框对直，双手成三角形支撑。

站立时，身体应挺直，双脚自然分开，重心放在前脚上，以获得更好的稳定性。

■ 竖握相机的姿势

竖拍用于拍摄垂直方向结构的照片，其方法是：右手将相机竖立起来，左手从镜头底部托起相机并将重心放在左手。

■ 蹲着拍摄的姿势

在微距拍摄或拍摄物高度较矮的时候，经常需要蹲着进行拍摄，其方法是：半蹲身体，将手肘放在膝盖上，以稳定相机。

新手解惑

Q：还有哪些常用拍摄姿势？

A：除以上拍摄姿势外，在拍摄动物照片、儿童照时，还可坐在地上进行拍摄，其方法是：坐在地上，将手肘放在膝盖上，以稳定相机。在物体高度比取景区略低时，用户还可以使用半蹲的姿势进行拍摄，其方法是：上身不要弯曲，下身跨出弓子步，并将重心放在前脚上。需注意的是，不正确的拍摄姿势可能造成相机不稳，使拍出的照片模糊。

2.2 解析数码相机常用的专业术语

阿伟问了娜娜一个问题："你知道什么是光圈大小吗？光圈在摄影过程中主要有什么作用呢？"娜娜回答说："光圈我经常听说过，但是要说具体有什么，还真的不知道。"阿伟告诉娜娜，其实光圈就是一个专业术语，而专业术语不止这一个，在拍摄过程中会经常用到这些术语。

2.2.1 什么是光圈

光圈是相机镜头中的可以改变中间孔的大小的机械装置，它的大小直接影响镜头的进光量，光圈大小一般用F值表示。

当快门速度一定时，光圈越大，镜头进光量越多，拍摄效果越明亮；光圈过大，则曝光过度，拍摄效果就是白花花一片，没有层次；光圈太小，则曝光不足，拍摄效果就是漆黑一片，损失低光部位层次，甚至会没有影像。

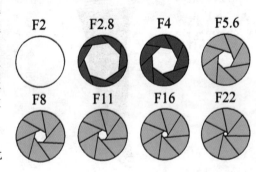

提示：光圈F值=镜头的焦距/镜头口径的直径。

快门速度: 1/320s   光圈: f5.6
ISO: 1000   焦距: 400mm

快门速度: 1/320s   光圈: f8
ISO: 1000   焦距: 400mm

2.2.2 什么是快门和B门

快门与光圈一样，也是控制数码单反相机曝光的要素之一。快门速度是数码相机快门的重要考察参数，一般用数字表示，数字越大，曝光时间越长。数码相机常见的快门速度在30s~1/8000s，快门速度越快，越适合抓拍高速运动的物体。然而，不同型号的数码相机的快门速度也有所不同，在使用不同的数码相机前，一定要先了解其快门的速度，才能捕捉到生动的画面。

快门速度: 1/2000s   光圈: f7.1
ISO: 400   焦距: 300mm

B门也称为手动快门，B门的曝光时间由快门按下的时间长短自由控制，主要适合拍摄烟花、车流等在夜间运动产生的线条。通常情况下，使用B门都需要借助三脚架辅助拍摄。

快门速度: 6s   光圈: f8
ISO: 100   焦距: 16mm

2.2.3 什么是ISO

在数码相机中，ISO（感光度）代表着CCD或CMOS感光元件的感光速度，它间接成为控制图片亮度的重要参数。感光材料的感光能力越强，越容易曝光，对曝光量的要求就越少。

数码相机ISO值具有可调性，调高ISO值，可以增加光亮度，但是也可能增加照片的噪点。一般而言，感光度越高，照片的颗粒越粗，放大后的效果越差。调节ISO的值一定要结合实际拍摄条件进行，如ISO100最适合在阳光灿烂的户外进行拍摄，而ISO400则可以在室内或清晨、黄昏等光线较弱的环境下拍摄。

提示：在一些场合下，例如展览馆或者表演会，不允许或不方便使用闪光灯，通过ISO值不仅可以减少闪光灯的使用次数，还可以增加照片的亮度。

■ 在光线暗的情况下，调高感光度，可以增加照片亮度，提高快门速度，保障画面清晰度

快门速度：1/25s　　光圈：f4
ISO：250　　焦距：12mm

2.2.4 什么是曝光

数码相机拍摄照片的好坏与曝光量有直接的关系，曝光量与通光时间（由快门速度决定）和通光面积（由光圈大小决定）有关。为了得到正确的曝光量，就需要正确使用快门与光圈的组合。

在选择快门和光圈的组合时，需要考虑被摄物是运动的还是静止的，所处环境光线程度如何，然后根据情况选择光圈大小和快门速度。光圈和快门的具体选择，可参考前面讲解的光圈和快门知识。

曝光组合

光圈大小	快门速度
f5.6	1/500s
f8	1/250s
f11	1/125s
f16	1/60s
f22	1/30s

■ 合理的曝光组合，直接关系到照片质量

快门速度：1/640s　　光圈：f3.5
ISO：100　　　　　　焦距：18mm

▍2.2.5 什么是景深

相机在拍摄前需要进行对焦，才能拍摄。理论上，在拍摄的照片中，只有被准确对焦的部分（焦点）才会清晰，而焦点以外的部分都应显得模糊。但是在实际情况下，由于镜头、拍摄距离等因素，在焦点以外仍然会有一段距离的景物能够清晰显示，而这个清晰的范围便称为景深。

其实，在前面讲解的光圈就是决定画面景深的重要因素之一。在其他条件相同的情况下，光圈越大，景深越浅；光圈越小，景深越长。

快门速度：1/160s　　光圈：f8
ISO：160　　　　　焦距：5mm

■ 在拍摄距离近、景深浅的微距摄影中，景深控制很重要

教你一招

使用浅景深凸显人像主题
当拍摄人像时，需要模糊被摄体前后的景物，以凸显主题。使用大光圈浅景深就是一个很方便的手法。

2.2.6 什么是色温与白平衡

色温就是在不同温度呈现的不同色彩，单位为K（开尔文）。许多影友都知道，拍摄照片的色调有时候会有偏向某种颜色的现象，其实这就是因为数码相机的色温设置不当造成的偏色现象，而数码相机的白平衡功能正是修正照片偏色的一种机制。

其实，白平衡就是指数码相机为了使照片的色调与人们大脑认知的颜色相一致，对拍摄环境中光线色温造成的色彩进行修复的一个过程。

各种光源的色温表

光源	色温（K）
钨丝灯泡	2600～3500
闪光灯	5500～5800
日光灯	4000～4500
阴天光线	6000～6300
晴朗太阳光	5100～5500

不同的白平衡设置

白平衡设置	适用条件
自动模式	由相机自动设置，使用范围广，但不十分准确
手动模式	根据环境手动调整设置，虽然准确，但操作麻烦
钨丝灯模式	适用室内钨丝灯光源环境
日光模式	适用晴朗户外光线环境
阴天模式	适用阴天或多云天气户外光线环境
荧光灯模式	适用室内荧光光源环境

■ 同一照片在不同白平衡设置下的效果

教你一招

色温对数码相机的影响

现在的数码相机都是采用数字信号存储图像信息的，所以色温对数码相机一般都不会产生不良影响。

2.2.7 什么是测光

　　一般来说，拍摄数码照片时需要得到一个正确的曝光，通常都是由数码相机内的测光表来帮助计算合适的光圈、快门组合。测光表的测光方式有很多种，它可以将所测得的现场光平均成中间灰，然后通过调配光圈、快门来达到正确曝光的目的。

　　测光表是只有单反相机才具有的功能，相机中的常见测光方式有以下几种。

■ **平均测光**：将整个画面的现场光作平均计算，然后求得中间灰值。该模式最为常用，能满足大部分拍摄需求。

■ **中央重点测光**：中央重点测光以画面中央为主要加权部分，然后佐以四周的现场光，再计算出中间灰值。该模式适合拍摄合影或主体位于中央位置时使用。

■ **点测光**：点测光只截取画面中央约3%～5%的范围作计算，求该点的中间灰值，这对复杂环境光的拍摄相当方便。该模式为众多高水平的摄影师所推崇。

快门速度：1/160s　　光圈：f11
ISO：100　　　　焦距：32mm

■ 照片主体明亮反差不大，可选用平均测光模式

2.3 合理选择数码相机的拍摄模式

娜娜看着单反相机模式转盘上面的图标，又一脸茫然地看着阿伟。阿伟连忙告诉娜娜，这是模式转盘。在拍摄不同的场景模式时，通过转动转盘来选择合理的模式进行拍摄，各种模式可以对不同的场景简化参数的设置，它在学习数码摄影的初期非常有用，不过各种模式的选择还是有一定的讲究的。

2.3.1 能让我们偷懒的Auto模式

Auto模式就是常说的自动模式。在传统相机中，Auto模式会根据内置测光表设置快门和光圈参数，拍摄照片时，只需要按下快门即可。但在数码相机实际使用中还要再多做一些工作，那就是设置白平衡和ISO参数。当然，在默认模式下，白平衡和ISO也是自动调整的。

Auto模式适用于对数码相机不熟悉、不了解的初级用户，利用相机自动调节功能可快速完成拍摄。

快门速度: 1/800s　　光圈: f11
ISO: 100　　　　　焦距: 114mm

2.3.2 人像模式专业拍摄人像

人像模式又称为肖像模式，数码相机会自动将光圈调到最大，拍出浅景深的效果，而有些相机还会使用能够表现更强肤色效果的色调、对比度或柔化效果进行拍摄，以突出人像主体。该模式主要用来拍摄人物相片，如证件照、全家福等。

提示：在该模式下拍摄，需要注意取景和构图等问题。如果在室内拍摄，则需要使用闪光灯。此外，还应打开数码相机的防红眼功能。

快门速度：1/250s
光圈：f5
ISO：100
焦距：80mm

2.3.3 使远焦景物更清晰的风景模式

当选择风景模式后，数码相机会把光圈调到最小，以增加景深。另外，对焦也变成无限远，使相片获得最清晰的效果。如果再使用广角镜头拍摄，将增加拍摄画面的深度和广角，以达到更好的拍摄效果。

提示：在该模式下拍摄，需注意环境光线，不要让阳先直射镜头；在日落等环境下，可能要自己手动调节白平衡。

快门速度：1/200s
光圈：f9
ISO：100
焦距：38mm

2.3.4 留住精彩瞬间的运动模式

运动模式主要用于拍摄快速移动的对象。在该模式下，数码相机会把快门速度调到较快或提高ISO值，并使用中央的对角点跟踪拍摄主体。在使用该模式拍摄时，如果光源不足，可能无法锁定高速移动的图像，所以最好在阳光下使用该模式，并且建议使用该模式拍摄体育竞技场景、快速移动的人或物体。

提示：当使用运动模式拍摄暗处的运动物体时，常常需要开启闪光灯来提高进光量，以满足高速快门的需求，这样拍摄出的照片亮度才能达到满意的效果。

快门速度：1/1600s
光圈：f5.6
ISO：800
焦距：55mm

2.3.5 拍摄细微部分的微距模式

微距模式主要用于拍摄细微的目标，如花卉、昆虫等的特写镜头。当处于该模式时，数码相机会使用"微距"焦距，并关闭闪光灯。

在微距拍摄模式下，要注意被摄体和数码相机之间的距离最少应为相机说明书中标明的微距拍摄距离，才能达到主体突出、细节微妙的视觉效果。如果拍摄距离较远，很有可能会出现无法对焦的问题。在拍摄过程中，还应注意光源，不能使目标太暗，并且使用三脚架辅助拍摄。

快门速度: 1/50s　　光圈: f2.8
ISO: 500　　　　焦距: 5mm

快门速度: 1/160s　光圈:
f5.6　ISO: 3200　焦距: 160mm

■ 使用160mm的微距变焦镜头拍摄的菌类

2.3.6 让晚上风景更迷人的夜景模式

夜景模式主要用于拍摄美丽的城市夜晚、夜色下的幽静画面。在该模式下，数码相机将会采用慢快门的方式来延长曝光时间。

夜景模式一般有两种，前者使用1/10s左右的快门进行拍摄，但是仍可能导致曝光不足。另一种则是使用数秒长的快门曝光时间，以保证照片充分曝光，使照片画面更加明亮。在这两种情况下进行拍摄，都会使用较小的光圈，并关闭闪光灯。

提示：拍摄夜景时，应尽量使用三脚架稳定相机，避免用手按而导致相机抖动。

快门速度：1/8s   光圈：f3.3
ISO：400   焦距：4mm

■ 相同参数下，上图没有使用三脚架，由于相机抖动，导致照片模糊

2.4　卡片机特有的拍摄模式

娜娜拿着自己的卡片机看了看，没有发现模式转盘。阿伟便告诉娜娜，卡片机没有模式转盘，选择卡片机的模式主要是通过菜单功能进行的。一般情况下，卡片机与单反相机两者间有许多共同的拍摄模式。其实，这些共同的拍摄模式使用方法都差不多，但是卡片机的手动调节功能很弱，厂商一般都设计有卡片机的特有拍摄模式，供用户在更多的场景下进行拍摄。

2.4.1　夕阳模式

夕阳模式恐怕是场景模式里面较少被使用的。在夕阳模式下，卡片机会自动对白平衡设置进行调整。如果拍摄夕阳西下的场景，该模式会使傍晚的景致显得格外有暖意；如果拍摄斜阳下的城市建筑，该模式在明暗对比度较大的情况下，往往会被赋予剪影色彩，为照片添加了不少魅力。

■ 夕阳模式下的拍摄，这张照片可谓是魅力十足，不但显得温暖，而且还赋予了剪影色彩

▌2.4.2　焰火模式

　　焰火模式也是较少使用的场景模式之一。在合适的场景中，妙用焰火模式也可以拍摄到好看的照片。

　　使用焰火模式时，卡片机会自动延长曝光时长，以便能够将焰火稍纵即逝的美景轻松记录下来。在焰火的拍摄过程中，稍微抖动机身还可以使焰火更加绚烂多变，而不会影响画面成像。

■ 焰火模式不仅可以拍摄火焰，还可以拍摄烟花等对象

2.4.3 烛光模式

烛光模式常常会被摄友们遗忘。其实，使用烛光模式拍摄的夜景，往往能使人眼前一亮。在烛光模式下拍摄的照片整体比较亮，所以能使照片在光线比较弱的地方也能保留不少细节。使用烛光模式的照片整体色调偏暖，特别是对黄色的光线有很好的表现，带有一丝怀旧的感觉，且色彩还原得比较真实，但对路灯下拍摄的高光部分会稍微曝光过度，噪点控制相对较弱。

快门速度: 1/160s	光圈: f3.5
ISO: 1000	焦距: 18mm

■ 在烛光模式下，将ISO设置为1000后的拍摄效果

■ 在相同参数下，使用夜间拍摄模式的拍摄效果

2.4.4 儿童模式

在拍摄儿童照片时，好动的孩子总让人很头痛。为了满足广大年轻父母的需求，一些生产厂商为相机增加了儿童模式。在该模式下，相机将启用高速快门，能快速抓拍孩子精彩的表情。部分生产厂商还为相机设计了前置屏幕，使用儿童模式时，相机的前置屏幕上会显示一段动画，吸引孩子向镜头看。

快门速度: 1/1250s	光圈: f10
ISO: 800	焦距: 50mm

2.5　数码相机的使用技巧

通过前面的学习，娜娜对数码摄影又有了进一步的了解，于是便拿着数码相机对着阿伟胡乱地照了一张照片。拍完后，阿伟便告诉娜娜，拍照姿势虽然对了，但是最基本的快门操作方法是不对的，于是阿伟又开始纠正起了娜娜的错误。娜娜看着阿伟，心想：还有这么多的讲究啊？

▌2.5.1　快门按钮的操作技巧

数码相机的快门按钮和传统的相机设计并没有什么不同，只要按下快门键，就可以拍照了。目前的数码相机都具有自动对焦与自动闪光灯的功能，其快门按钮为两段式，当按下第一段时开始对焦与测光，直到完全按下后才能真正进行拍摄。

未按　　　　　　　半按　　　　　　　全按

■ 数码相机快门按钮在各个状态的示意图

轻轻地按住快门开始对焦与测光，这种操作技巧称为"半按快门"。正确对焦是一件很重要的事情，要多加练习，掌握其中的技巧。

半按快门按钮后，确认对焦，相机会发出轻微的"哔哔"声音，取景器的灯会变绿，再按下快门，就可以防止拍摄影像模糊了。在这里要注意，在半按快门按钮对焦时，不要将手指移开，在半按快门按钮的状态下对相机发出的声音及灯号进行确认后，再完全按下快门即可。在半按快门按钮后，即使是改变相机的角度进行构图，其焦点也不会改变，这是"AF锁定"功能。

数码相机测光的敏感度相当高，当在光线不足的情况下使用，为了提高亮度，相机会自动降低快门的速度，以增加曝光的时间。这时，如果轻微地摇晃数码相机，拍摄出来的相片一定会出现朦胧的一片，所以在光线不足的情况下拍摄时，手部一定要处于相当稳定的状态。如果情况允许最好使用三脚架，以达到最佳的稳定度。

快门速度: 1/320s
光圈: f4.6
ISO: 200
焦距: 35mm

■ 当拍摄的主体不在照片上的中心位置时，可以先将被摄主体放在照片的中间进行取景，并半按快门，然后移动相机重新构图，被摄主体移动到相应位置，再完全按下快门完成拍摄

2.5.2 取景器的使用技巧

数码相机的取景器一般来说可分为LCD取景器、光学取景器和电子取景器。

LCD取景器就是液晶取景器，数码相机背后那块大大的液晶显示屏便是LCD。通过LCD取景器看到的影象就是即将拍摄成像的对象，但其拍摄视差极低；如果数码相机的LCD为可旋转式的，不仅取景角度更多，而且可以非常直观地实现自拍操作。

由于LCD取景器的耗电量大，长时间开启会大大缩短数码相机的工作时间，所以在不拍摄时，应尽量关闭LCD取景器。另外，在强烈的阳光下，LCD取景器的显示效果便会大受影响，需要用手或其他东西遮挡一下光线，才能看得清楚。

不管使用什么样的镜头，光学取景器的取景效果都是不变的，它只是模仿镜头的视角和焦距。光学取景器应尽量靠近镜头的线轴中心，以减少取景视差。拍摄距离大时不会出现视差，但当拍摄距离较小时，视差就会很明显，甚至可能影响到照片的构图。在使用光学取景器进行取景时，要注意光学取景器不能显示100%的镜头所拍摄图像，大概只有实际的85%或更少。

光学取景器

电子取景器

电子取景器可以显示待拍景物的全貌，在日光下可以看到，而且可以显示光圈、快门速度等拍摄信息。电子取景器同样会消耗大量的电源，类似于LCD显示屏，使用时要注意电子取景器容易反光，可能会影响到取景的准确性。

2.5.3 善用遮光罩

遮光罩主要安装在单反相机的镜头前端，是用于遮挡有害光源的一种装置。

当在强光下拍摄时，强烈的光线直射在镜头上，会导致严重的眩光，直接导致照片模糊不清，此时就需要使用遮光罩避免产生眩光。在选购遮光罩时，如果有条件最好选用原厂的产品，品质低劣的非原厂产品可能会对杂乱光线的乱反射消除力度不够。

正确使用遮光罩既是提高画面质量的手段，也是一种良好的职业习惯，同时还是一个严谨摄影师专业素养的表现。

■ 没有安装遮光罩而产生的眩光

| 快门速度：1/125s | 光圈：f8 |
| ISO：100 | 焦距：66mm |

2.5.4 正确选用曝光模式

在前面已经讲解过一些与曝光有关的知识，曝光模式即计算机采用自然光源的模式，通常分为快门优先、光圈优先、手动曝光和程序曝光等模式。

1. 快门优先

为了得到正确的曝光量，就需要正确地将快门与光圈进行组合。快门快时，光圈就要大些；快门慢时，光圈就要小些。快门优先是指由相机自动测光系统计算出曝光量的值，然后根据选定的快门速度自动决定用多大的光圈。

在单反相机中，快门优先在模式转盘中通常为"S"模式（佳能为"Tv"模式），快门优先是在手动定义快门的情况下通过相机测光而获取光圈值，多用于拍摄运动的物体上，特别是在体育运动拍摄中最常用。

■ 快门优先模式下拍摄的照片

快门速度: 1/2000s	光圈: f8
ISO: 100	焦距: 80mm

2. 光圈优先

光圈优先是指由相机自动测光系统计算出曝光量的值，然后根据选定的光圈大小自动决定使用多快的快门，一般用来拍摄静物和控制景深，如希望拍摄近处和远处的画质都要清晰，而快门速度并不重要的时候，就可以设定一个较小的光圈值，然后采用光圈优先模式进行拍摄。当拍摄人物摄影，需要使人物的背景失焦，用以强调人物主题而淡化背景中时，可使用较大的光圈值，在该模式下进行拍摄。

在单反相机中，光圈优先在模式转盘中通常为"A"模式（佳能为"Av"模式）。拍摄的时候，应该结合实际环境使曝光与快门两者调节平衡，相得益彰。

■ 光圈优先模式下拍摄的照片

快门速度: 1/80s	光圈: f4
ISO: 200	焦距: 34mm

3. 手动曝光

手动曝光模式每次拍摄时都需手动完成光圈和快门速度的调节，以方便摄影师制造出不同的图片效果。

在单反相机中，手动曝光模式在转盘中通常为"M"模式。在该模式下，如需要拍摄运动轨迹的图片，可以加长曝光时间，将快门加快，曝光增大；如需要制造暗淡的效果，快门要加快，曝光则要减少。手动曝光的优点就是自主性很高，缺点是手动调节会花费很多时间，因此对于抓拍瞬息即逝的景象不实用。

4. 程序曝光

程序曝光模式又被称为全自动模式，简称为P模式或AE锁，俗称"傻瓜"模式。在程序模式下，数码相机根据被摄体的亮度及镜头焦距，自动确定曝光组合，不需要频繁地调整光圈、快门，只要轻按快门，相机便会自动确定曝光组合。该曝光模式特别适合没有特别的艺术创作意图的家庭生活摄影及抓拍时使用。使用该模式拍摄时，要注意选择被摄主体与背景光量是否合适，如果实在无法避免光线过于明亮或暗淡的背景时，可以使用其他的曝光方法确保被摄主体曝光适量。

■ 通过手动曝光和白平衡设置拍摄的效果

| 快门速度：1/400s | 光圈：f6.3 |
| ISO：1600 | 焦距：55mm |

2.5.5 数码相机的日常维护

数码相机在使用一段时间后，会沾染灰尘、油渍或其他污垢。只有经常对数码相机进行清洁和保养，才能延长数码相机的寿命。不管是卡片机还是单反相机，日常维护主要包括机身维护和镜头维护。

1. 机身维护

机身的维护相对简单，在日常使用过程中注意不能长时间接触水或将相机放置在潮湿的地方，不然很容易出现数码元件受损、镜头长霉、电池腐烂等情况。需要长时间在雨、雪天中进行拍摄的情况下，要尽量为相机穿上雨衣，防止雨水进入相机。如果机身沾染上了许多污垢，使用软布或毛巾擦拭干净即可。

2. 镜头维护

对镜头的清洁往往需要使用一些专业的清洁工具，如吹气球、镜头布、镜头笔、脱脂棉以及专业清洁液等。

■ 吹气球

吹气球是维护镜头时最常使用到的配件。使用吹气球时，应该将镜头拿在手中，再将镜像镜面向下，使用吹气球向上吹气。这样操作的好处是可使吹出的灰尘直接向下落，而不会再次落到镜面上。

此外，在使用吹气球时，一定要注意避免吹气球嘴直接接触到镜头镜面而划花镜面。

■ 镜头布

当镜头镜面上出现的污点已经影响到照片效果时，就需要考虑对镜头进行一次彻底的清洁了。首先应使用吹气球吹走镜面上的灰尘，再将镜头布用镜头清洁液浸湿，小心地用浸湿的镜头布从中心螺旋向边缘擦拭。注意，擦拭时只能随着一个方向擦，不能来回擦。

> **提示**：在购买镜头清洁液时，最好选择口碑好的商家和产品。劣质的清洁液可能会与镜头镀膜起化学反应，从而损坏镜头。

■ 镜头笔

吹掉镜头上的灰尘后，用户就可以使用镜头笔从镜头中心向四周绕圈擦镜头上的水印和手印等污垢了。

提示：若是镜头笔中碳粉用完，需要重新购买一支新镜头笔。

教你一招

镜头清洁误区

不少摄影初学者看见镜头上有脏东西时，会及时地清理干净，其实这是一个误区。由于镜头表面都镀有复杂的镀膜，在灰尘和手印不会影响到拍摄出的照片质量的情况下，一般不需要对镜头频繁地进行清洁。频繁的擦拭镜头，反而会损坏镀膜。

2.6 更进一步——保障成像质量的技巧

娜娜今天又在阿伟家里呆了一天，眼看天色不早，自己也该回家了。回想今天拍的几张照片效果都不好，便想要阿伟根据多年摄影的经验帮着分析一下原因，指点自己几招。

第1招 灵活使用曝光补偿功能

曝光补偿也是一种曝光控制方式，一般常见在±2-3EV左右，分为正（＋）补偿和负（-）补偿两种，在相机上用"＋／-"符号表示。简单来说，在逆光摄影时，用正（＋）补偿能恰当表现出被摄体的细节、虚化背景，获得高调的照片；用负（-）补偿能获得低调的照片，体现出剪影效果，表现光与影的关系。如果环境光源偏暗，即可增加曝光值，如调整为+1EV、+2EV，以突显画面的清晰度。

当拍摄环境比较昏暗，需要增加亮度而闪光灯无法起作用时，可对曝光进行补偿，适当增加曝光量。如果照片过暗，要增加EV值，每增加1.0，相当于摄入的光线量增加一倍。如果照片过亮，要减小EV值。按照不同相机的补偿间隔，可以以1/2（0.5）或1/3（0.3）的单位来调节。

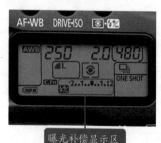

曝光补偿显示区

第2招 快门延迟与快门时滞对摄影的影响

当用数码相机拍摄时，常常会为错过最佳的拍摄时机而苦恼不已。其实，这都是"延迟"和"时滞"惹的祸。

当相机按下快门时，相机会进行自动对焦、测光、计算曝光量、选择合适曝光组合等数据计算以及存储处理，而进行这一系列的操作所用的时间就造成了快门延迟。相机在不使用对焦锁定功能同时并保证在自动对焦工作状态下，从按下快门释放按钮到开始曝光的这段时间就造成了快门时滞时间，会影响拍摄。

为了不再错过精彩瞬间，使用相机前，要搞清楚相机的快门延迟时间和快门时滞时间是多少。不过，对于一般的拍摄，快门延迟和快门时滞并不影响成像质量，只有在连续抓拍时才需要特别注意。

2.7 活 学 活 用

（1）为单反相机安装背带、电池、存储卡等配件。
（2）使用不同的拍摄模式分别进行拍摄练习，以熟悉拍摄姿势。
（3）拍摄完毕后，保管好数码相机，对需要进行日常维护的部件进行清理。

☑ 你知道什么样的照片才算是一张好照片吗？

☑ 还在为拍不出好照片而发愁吗？

☑ 想知道摄影大师拍摄照片时的惯用技法吗？

第 03 章
摄影者的眼力

现在的娜娜可谓是对摄影着了迷，整天拿着数码相机练习拍摄，看到别人拍摄的好照片更是羡慕不已。阿伟看了娜娜拍摄的照片后，告诉娜娜还欠缺一样东西，那就是摄影者的眼力。娜娜感到不解，于是阿伟对娜娜说："摄影者的眼力就是对摄影艺术领域特定美学标准的判定能力和特定美学状态的感知能力，以及主动寻求和创造艺术美的强烈的主观意愿，它对摄影创作的整个过程起着驱动和指引的作用。当你具备了这样的眼力后，拍摄出的照片就不会像现在这样平淡无奇了。"

3.1 什么样的照片才算好

娜娜听了阿伟的讲解后，又提出了新的疑问："那什么样的照片才算是好照片呢？"阿伟告诉娜娜，其实好照片并没有很明确的定义，不同层次的摄影爱好者对好照片的理解也各有不同。

3.1.1 好照片要有主题

通常为了表现主题，一张好照片中要有一个主要的趣味中心。这个中心可以是一个人、一件东西或者一群人、一组事物。

在下面这张照片里，趣味中心显然是湖中的渔夫，画面上撑着船的渔夫显得特别突出。一张照片可能有很多不同的寓意，这完全取决于观赏者对照片的理解，与摄影的意图可能一致，也可能相左。

■ 黄昏时分，渔夫撑船回家，给人一种安宁舒适的感觉

快门速度: 1/250s	光圈: f7.1
ISO: 100	焦距: 35mm

█3.1.2 能吸引人的就是好照片

其实，一幅好作品需要加入摄影者的大胆创意，通过种种摄影技术，将观赏者的注意力吸引到被摄主体在画面中的位置。

怎样布光、怎样运用快门和光圈、如何使构图更加简洁等，都是摄影者需要考虑的因素。只要能将观赏者的视线引过来并将其注意力集中到被摄主体上，就是一张十分出色的照片。

█ 土楼与流水，向往久别的儿时生活

快门速度：1s	光圈：f22
ISO：200	焦距：24mm

█3.1.3 色彩和谐很重要

色彩的和谐要求表现在特定条件下对色彩变化相应关系的协调。在摄影创作的过程中，除了要把握住对象的色调特征和色彩意境外，还要注意那些能体现摄影意图的色彩在结构中的对比和关系。

当照片中的两种颜色所占据的面积差不多时，其颜色对比就没有那么明显，从而使两种颜色都显得不突出，这也就造成了色彩的不和谐。

色彩上的搭配与和谐其实很简单。比如，在一张照片中不能让各种色调处于势均力敌的状态，而应该让色调之间有一定的强弱变化，使其一种色调处于主导地位，有主有次，才能更好地体现出照片色彩的和谐。

■ 合理的构图，各种颜色间的呼应，无不体现出色彩的和谐

| 快门速度: 1/100s | 光圈: f11 |
| ISO: 400 | 焦距: 45mm |

3.2　拍好照片的关键

阿伟接着告诉娜娜，在初学摄影的阶段，要想拍出好照片，需要注意的地方还是非常多的，如对主体的选择、取景的取舍、背景的选择、光线的运用、构图的方法等，都是拍出一张好照片的关键。娜娜觉得阿伟讲的都非常有道理，便专心地听着。

3.2.1 主体鲜明

通过前面的讲解我们已经知道好照片一定要有主题。当然，在一张好照片中除了有明确的主题外，还需要有鲜明的主体，不能拿着相机胡乱地按快门。

快门速度：1/100s
光圈：f4
ISO：80
焦距：50mm

■ 主体鲜明，详细
描述了绿色叶子
和红色叶子

其实，要在照片中使主题鲜明地体现出来，可以采用使被摄体充满画面的方法来实现。只有当主体在画面上占有一定的面积时，才能得到应有的突出。

快门速度：1/100s　　光圈：f4
ISO：80　　　　　　焦距：50mm

3.2.2 取舍适当

一张好照片，通常需要摄影者在拍摄照片时学会取舍，将不必要或不相干的物体从画面中除去。对许多初学者来说，通常喜欢将所有画面通通拍进来，有的人还会嫌自己的镜头不够广。这是初学者最常犯的错误之一。事实上，一张好照片在具备了主题之后，必须把与拍摄主体不相干的物体去掉，才能突显拍摄主体。

在下面的这张照片中，作者想要表达的主题为一个吃面包的小男孩，为了突显这个主题，作者只拍摄了小男孩吃面包的表情，而其他的场景通通略去了，如果将小男孩全身连同周围环境通通拍进来，反而无法突显"吃面包"这一主题。

| 快门速度：1/500s | 光圈：f1.6 |
| ISO：100 | 焦距：85mm |

■ 吃面包的小男孩

宋代的山水画大师郭熙曾阐述过山水画的画法，在其《山水训》中谈到"山欲高，尽出之则不高，烟霞锁其腰，则高矣。水欲远，尽出之则不远，掩映断其派，则远矣"，其主要说明了要突显山的高耸或水流的绵延，不能一味地将其显露无遗，只有取舍得当才能达到最理想的效果。摄影也是一样，如果将其通通拍进来，反而无法造成强烈的视觉感知。

▌3.2.3　简洁的背景

简洁的背景有助于突出表现被摄主体，使拍摄的照片更加吸引人，那些不能烘托主体、甚至分散注意力的元素要统统压缩或排除掉，使照片视觉中心点没有凌乱的感觉。

背景的作用主要是衬托主体，背景对一张照片的成败有举足轻重的影响，单纯的背景可以突出主体，杂乱的背景通常都是平庸之作的表现，让人不想多看。

■ 简洁的背景对照片的影响极大，尤其是在拍摄人物照时，应避开不相干的路人或垃圾桶等，利用单纯的背景来突显拍摄主体

快门速度：1/800s	光圈：f2.8
ISO：200	焦距：200mm

要想使拍摄的照片背景单纯化，可以通过选择单纯的背景进行拍摄，但是在实际拍摄过程中，在环境不允许的情况下很难选择单纯的背景。此时，可以利用大光圈把杂乱的背景模糊化，以达到简化背景的目的。

3.2.4　善用光线

　　摄影其实就是利用光线变换的特性而产生出来的艺术，所以任何一张好的照片都离不开光线的帮助。如果在摄影过程中完全不去留意光线的方向、色温、强弱等性质，拍摄出来的作品将平淡无奇，毫无生气。相反，在拍摄前能先观察光线，善用光线的特质并将其表现在作品里面，则拍摄出好照片的机会将大大增加。

　　清晨与黄昏是光线质量最好、最富变化也最美丽的时刻，在短短的几分钟之内就会有许多的变化，这个时间可谓是拍摄照片的黄金时段。

　　清晨，光线的颜色色温偏紫蓝，阳光穿越较厚的大气层，光线扩散出来，显得格外柔和。黄昏时，光线的色温偏澄黄，会营造出浪漫的气氛，太阳西斜将影子拖拽得很长，正是拍摄光影对比效果的好时机。

■ 黄昏时分拍摄的照片始终带着暖色调的气氛，剪影效果更显得浪漫

| 快门速度: 1/800s | 光圈: f2.8 |
| ISO: 200 | 焦距: 200mm |

想拍摄很蓝的天空时，在没有偏光镜的情况下，可以利用顺光的关系，背对太阳进行拍摄。

在正午拍摄时，光线因过于强烈生硬，不容易产生立体感。如果在此时拍摄人像，在面部的眼窝、鼻子、脖子下方都会产生阴影，影响拍摄效果。当正午的太阳在正上方时，由于顶光的关系，拍摄风景照时也不容易体现立体感。

提示：在拍摄前，一定要先留意光线的方向、颜色、强弱等，使光线为拍摄的作品大大加分。关于在不同光线下的拍摄方法，将会在后面章节中详细讲解，这里只对光线的作用做一个简单阐述。

背对太阳拍摄天空，正前方的天空会因为顺光的关系呈现出最蓝的颜色

快门速度：1/800s	光圈：f2.8
ISO：200	焦距：200mm

3.2.5　简洁的构图

最早的构图概念源自于西方文艺复兴时期，由比例、线条、对角、放射、透视等衍生出了今天丰富多样的构图形式。其实，构图就是一种画面的安排，合理简洁的构图，不仅可以帮助拍摄取景，还能使画面中的元素更具美感。

对于初学者来说，前期构图使可以根据一些构图法则进行学习，当熟练之后便不需要再被这些构图形式束缚，而应该思考如何追求新的方向，从而发展新的表现方法。

提示 ：常见的构图法多源于西洋绘画构图，如黄金分割法等。这些经典的构图法则将会在后面章节中详细讲解。

| 快门速度：1/1250s | 光圈：f4.3 |
| ISO：200 | 焦距：100mm |

■ 通过构图让人更懂得如何取景、安排画面，使拍摄出的作品更具观赏性

教你一招

多看多拍

多看，指的是多看好作品。当你第一眼看到就能被画面吸引、脑海中随之产生联想，并在内心深处产生共鸣时，你看到的就是一幅好作品。多看好作品，吸取摄影大师的长处，不仅有助于提升对视野和美感的鉴赏力，也有助于学习摄影。

摄影有很多诀窍，但最重要的还是多拍。不管摄影者对设备规格有多熟悉，看再多的摄影书籍，如果不出去拍，就都是纸上谈兵。只有通过大量的拍摄，学习的理论知识才能得到印证，摄影经验才能得到积累。如果只看大师们的杰作而不亲身去体验拍摄，就永远都不会知道大师们那些杰作也许是历经数以千计的失败过程而得来的。

3.3 拍好照片的惯用技法

今天，阿伟带着娜娜来到了摄影俱乐部，并向娜娜介绍了许多摄影高手。娜娜一边欣赏着这些摄影大师的作品，一边分析摄影大师们的拍摄手法，对自己不能理解的地方便向阿伟请教。

3.3.1 制作照片虚化感

虚化照片是许多摄影大师拍摄照片的惯用技法之一。当照片虚化后，就会出现模糊的效果。其实，模糊并不总是坏事，有些时候，当照片因虚化而产生模糊感后，其主题能够更加突出。制作照片的虚化感，通常都是通过调节光圈大小、使用柔光镜、长焦镜头以及慢快门等方法来实现的。

■ 使用f2.8的大光圈拍摄，近处的遮挡物被虚化

快门速度: 1/320s		光圈: f2.8	
ISO: 100		焦距: 24mm	

在拍摄花卉时，使用长焦镜头或微距镜头配合最大光圈进行拍摄，能获得更大程度的虚化效果。右图就是使用微距镜头配合大光圈拍摄出的效果，从画面中可以看出背景已经完全虚化。使用该种方法进行拍摄时，对焦应格外仔细。

快门速度：1/250s　光圈：f4
ISO：100　　　　焦距：55mm

在拍摄人像时，大光圈可以将人物前面的遮挡物进行虚化，使其与人物后面的背景融合，从而使画面的色调更加浪漫。

对于拍摄运动物体，只有使用慢快门，才能达到虚化的效果。慢快门对应的就是高速快门，两者一快一慢，拍摄的效果当然也各不一样。比如，在拍摄下雨的场景时，慢快门能够将"雨丝"描绘出来，而高速快门则可以抓拍雨滴下落的瞬间。

快门速度：1s　光圈：f5.6
ISO：100　　　焦距：65mm

■ 慢快门更能表现高速赛车风驰电掣的强烈动感效果

3.3.2 故意抖动制作模糊感

在前面讲解过三脚架的使用，其主要作用是稳固相机，防止相机抖动，以免影响成像质量。其实，摄影也是一种艺术创作，在需要达到某种艺术效果时，可以打破一些常规定律。如故意抖动以达到模糊感，就是为照片增加艺术魅力的一种方式。

在按下快门的同时，凭感觉有节奏地晃动相机（通常是无规律地抖动），使照片产生一种独特的效果。在使用该方法时，对快门速度的选择非常关键，快门速度太高，抖动的效果不会很明显；快门速度太低，抖动会使画面变得模糊不清，甚至什么也看不见。

快门速度：1/5s 光圈：f18
ISO：100 焦距：50mm

教你一招

抖动相机的技巧

抖动的频率较高，快门速度也要求相对较高；抖动的频率较低，快门速度也可以相对低一些，一般可以选择在1/2～1/30s之间。

抖动的角度可以根据画面的需要任意选择，只要抖动的角度合适，就能产生意想不到的效果。上下抖动会使画面产生跳跃感；水平抖动会产生流动感；曲线或弧线抖动会有旋转感；上下左右轻轻抖动可产生水墨画般的模糊效果。

在抖动拍摄时，应选择反差较大的景物，以强化抖动后的光影效果。抖动拍摄的难度较高，即使很熟练也难免失误，所以应该在同一种抖动方式下多拍摄几张，从中选择比较满意的。

3.3.3 利用夸张拍摄获取强烈的视觉冲击

强烈的视觉冲击总是能吸引人们的眼球，夸张的表现手法实际上已经成为了表现影像的特殊手段。在视觉艺术中，运用夸张的表现形式多见于绘画、戏剧、舞蹈、电影、电视中。然而，随着摄影艺术的发展，利用夸张拍摄带来强烈视觉冲击的照片也为数不少。

快门速度：1/200s　光圈：f5.6
ISO：200　　　焦距：60mm

在摄影的创作过程中，夸张的表现手法主要包括写意式夸张、放大式夸张和变形式夸张等几种。其中，写意式夸张多用来加强环境气氛和色彩影调，在风光和花卉类摄影作品中尤其多见。

在上面的照片中，摄影画面夸张了云雾的效果，使得画面影像结构发生变化，本来可以辨认清晰的山峦隐没了，变得虚无缥缈，成为虚实相生、明暗呼应、色调淡雅、画意浓郁的写意式风光照片。

放大式夸张在摄影中又叫做特写，就相当于通过凸透镜看东西，使局部的细节脱颖而出，给人一种新的视觉感受。运用放大式夸张，首先要弄明白局部放大与整体形象间的关系，并准确无误地判断出局部形象的意义。凡被局部特写的形象，必须保证被摄主体形象的完整，避免观赏者对被夸张的局部特写产生残缺不全的感觉。

使用超广角镜拍摄时，应尽量将镜头靠近被摄体，以形成极为明显的近大远小的效果。

快门速度: 1/25s	光圈: f22
ISO: 100	焦距: 18mm

变形式夸张就是利用相机镜头的特殊性能，通过改变被摄景物的透视关系，使画面的某一部分失真，从而达到夸张的目的。画面景物的变形是靠加大镜头视角获得的，镜头视角越大，景物变形的程度越大。鱼眼镜头的视角由于超出了180°，使它可以将地平线拍成弧线。由于透视关系的改变，被摄体将会失真，产生一种别致、奇特的新鲜感。但是在摄影过程中绝不可有损于主题的表现，变形夸张只是为了增加作品的趣味性。

■ 使用鱼眼镜头拍摄出夸张效果，被摄体明显变形失真

| 快门速度：1/60s | 光圈：f8 |
| ISO：400 | 焦距：0mm |

▌3.3.4 使用色彩体现不同的艺术效果

自然界中原本是黑白灰色的物体，在正常的白光照射下，反映到照片中其RGB三个参数应该相等。而在摄影过程中，不同色彩的运用却能够使画面呈现出不同的艺术效果。这种色彩的呈现，可以通过被摄物本身的色彩来完成。当然，当被摄物本身的颜色不能达到满意的效果时，也可以使用一些拍摄技法来实现。

黑色是最具有魅力的色彩，能给人一种神秘、庄严、悲哀、稳重、死亡的感觉。在摄影过程中，要使色彩偏向黑色，可以通过控制曝光来实现，或者利用被摄物本身所呈现出的颜色。

快门速度：1/25s　　光圈：f9
ISO：800　　　　　焦距：24mm

■ 照片色彩偏向黑色，为胡同赋予一种神秘感

在众多色彩中，白色通常给人一种明亮、干净、畅快、朴素、雅致、纯洁的感觉。照片中的色彩偏向白色，能够以最简单的方式给人的心灵深处带来抚慰，给人以视觉的冲击、心灵的震撼以及无限的遐想。

■ 白雪占据了大部分的画面，给人一种洁白素雅的感觉

快门速度：1/800s	光圈：f4
ISO：80	焦距：6mm

在性格色彩中，红色代表了积极、主动、开放、热情、乐于与人交往的性格特质。在摄影中，红色总是能给人一种强烈的视觉冲击力。想要在照片中偏向红色，可以借助某些时间段的自然光线或者某种特效灯光来实现。如果被摄物本身就呈现出了红色，一般会给人一种吉祥、喜气、热烈、奔放、激情的感觉。

快门速度：1/200s	光圈：f9
ISO：100	焦距：80mm

■ 夕阳西下，染红了半边天空，给人一种暖洋洋的感觉

提到绿色，就会与大自然和植物联系起来。事实上，绿色色调非常多，这形成了一个非常灵活的色彩。如一张照片偏向柠檬绿，可以让照片的效果显得很"潮"；偏向橄榄绿，则更显平和；偏向淡绿色，可以给人一种清爽的春天的感觉；如果使用蓝色搭配绿色，还可以传递一种水的感觉。在照片拍摄中适当加入绿色，会给人带来一种独特的美感与生机。

快门速度：1/200s	光圈：f4.8
ISO：100	焦距：65mm

■ 道路两旁的绿色树木，给人一种清新、生机勃勃然的感觉

黄色也是一种暖色，通常被认为是一种象征快乐和希望的色彩，给人以轻快、透明、辉煌、充满希望的色彩感受。但是，自古以来黄色也是高贵的象征，给人一种不可触及的感觉，被认为是轻薄、冷淡的色调。其实，在摄影中如何去体现黄色带给人们的感觉，主要取决于摄影师的拍摄主题。

■ 以黄色的花丛作为背景，更加衬托出帝王花的活泼，给人一种欣欣向荣的感觉

快门速度：1/200s
光圈：f9
ISO：100
焦距：80mm

蓝色代表着冷静、深沉、安静等含义。蓝色非常纯净，通常让人联想到海洋、天空、水和宇宙。纯净的蓝色表现出一种美丽、冷静、理智、安详与广阔。另外，蓝色也代表着忧郁，这个意象也被许多摄影师运用在摄影创意中。

快门速度：1/1600s 光圈：f14
ISO：200   焦距：300mm

■ 设置白平衡后，蓝色的大海显得更加宁静

3.3.5 抓住时机创造有趣的错觉效果

错觉效果能带给人们一种新奇的感受，错觉摄影是观念摄影中的一类。拍摄该类照片，通常以格式塔、错觉心理学的原理进行。通过摆置设局，自己制造所要拍摄的场景，或在一个特殊的视点进行拍摄实现错觉的效果。错觉摄影力图挣脱后现代生活给人带来的短暂、便捷、骚动，作品多利用双重视觉的构成分子。

在下面的这幅照片中，表面看上去好像是路灯的灯光映红了天空，其实只是摄影师通过特殊的角度，利用双重视觉拍摄出的一种错觉效果。

利用同样的手法，你不仅可以举起火红的太阳，还可以将自己心爱的人捧在手心。

不同的错觉，总是能表现出惊人的效果

快门速度：1/1600s 光圈：f8
ISO：100 焦距：58mm

3.4　更进一步——数码照片拍摄技巧

通过学习，娜娜对摄影越来越感兴趣了，不仅掌握了拍好照片的几个关键点，还在阿伟的帮助下学会了摄影大师们惯用的拍摄技法。为了能让娜娜更好地掌握所学的知识，阿伟又告诉了娜娜几个小诀窍。

第1招　消除水面或者树叶上的杂乱反射光

在拍摄水面或者树叶时，常会因为光线问题，出现杂乱的反射光。使用偏振镜并旋转其中一片镜片的角度，即可部分消除或者完全消除杂乱反射光。

第2招　拍摄出影调层次完美的照片

影调层次就是照片表现出来的景物的明暗和色彩层次。追求丰富的影调细节层次，可以选择如下几种方法。

■ 使用三脚架将数码相机固定住，多拍摄几张曝光量不同的数码照片，然后使用图形处理软件将拍摄的照片合成一张照片。

■ 如果要拍摄带天空的照片，可以在镜头前面加上一片渐变镜，可使拍摄出来的照片更有层次。

■ 使用闪光灯或反光板对暗部进行补光。

■ 如果是在强烈的阳光下拍摄，可以使用一层纱布罩在被摄主体的上方，对强烈的阳光进行过滤。

3.5　活 学 活 用

（1）在网上搜索一些摄影大师的作品，欣赏并体会摄影大师的摄影技巧。

（2）使用卡片机和单反相机对本章所讲解的知识进行实践拍摄。

（3）使用单反相机，选取最佳角度对生活中的事物进行拍摄，争取拍摄出一些具有错觉效果的照片。

☑ 你知道数码摄影的骨架是什么吗？

☑ 你还在为找不到经典的构图方法而烦恼吗？

☑ 你知道几种趣味的构图方法吗？

☑ 想知道你在构图过程中犯了哪些禁忌吗？

第04章
攻克构图

娜娜看着摄影大师们拍摄的照片，心里很是羡慕。阿伟便问："你觉着这些照片中最能吸引你的地方是什么呢？"娜娜拿着手中的一张照片对阿伟说："这张照片就非常吸引我，蹲在照片中的人物就像一个三角形，很有意思。"阿伟告诉娜娜这是运用了三角形构图的方法来拍摄的。想了想，他又说道："构图是数码摄影的骨架，合理的构图，既能更好地记录美好景物，又能很好地传播美的影像。"

4.1 学会构图

阿伟告诉娜娜，学会构图就能让照片与众不同。想要拍出一张好照片，仅仅靠设备的支持和技术的完美是远远不够的，照片必须是有灵魂的，而照片的灵魂就来自摄影师的取景和构图。

4.1.1 如何学习构图

构图是造型艺术术语，指作品中艺术形象的结构配置方法，它是造型艺术表达作品思想内容并获得艺术感染力的重要手段。在数码摄影中的构图与别处的构图有所差异。数码摄影中的构图要求有一定的理论性，对很多初学者来说都会有"构图难"的感觉。

其实，摄影的构图和绘画的构图方式是相通的，不管有没有绘画基础，都可以向古往今来的画家进行学习，借鉴他们在绘画过程中运用的表现手法和构图方式。日常生活中，人们常在不知不觉中应用着一些构图理论，总结欣赏者的各种见解后再与构图的理论进行比较，才能更加轻松地学习构图。

■ 《鲁弗申的花园小路》是阿尔弗莱德·西斯莱在1873年创作的油画，在这幅油画中可以看出当时作者就采用了消失线构图的方式

关于构图的最后一个建议是：如果取景器中的某个物体需要"加强"画面，那么在拍摄过程中就需要将它周围的事物在画面中"减弱"，这一点适用于所有摄影类型，应该尽量排除这种物体，无论是在前期构图还是后期裁切中。可以试拍两张照片，一张有多余的物体，一张没有，然后将它们放在一起对比，就会明白为什么会有这一条原则了。

4.1.2 学会处理照片中主体与陪体间的关系

一幅摄影作品中，有主体就必有陪体。陪体在画面中运用得当，会给画面增添美感。那什么是陪体呢？陪体就是在画面中的不能直接体现主题思想，只是对主体在一定程度进行烘托、陪衬，帮助主体说明主题思想的对象。

在画面中，我们能很容易分辨出主体与陪体的关系，但是在具体拍摄的时候，要使画面更加活泼，更有吸引力，就需要对主体与陪体之间的关系进行考虑。主体与陪体之间的关系没有绝对的规则，只要在画面中不会造成构图杂乱无章，让人有眼花缭乱的感觉即可。

主体与陪体一目了然，加上合理的构图，无一不体现整个画面的和谐

快门速度：1/500s 光圈：f8
ISO：200 焦距：65mm

新手解惑

Q：构图是否为决定照片好坏的绝对因素？

A：照片的好坏不能由构图的好坏来决定。对于初学者来说，在构图时，往往是按照一定的规则进行的，但是照片还会直接受摄影者的拍摄目的影响。数码摄影是一个极具个性化和创作性的活动，即便严格遵守构图布局，也未必能拍摄出出色的照片。当熟悉了基本的构图手法后，再利用自身产生的创作灵感，充分考虑拍摄的其他因素，才能创作出充满个性的作品。

4.2　常用经典构图法则

娜娜想学习构图，但是看见摄影师拍摄的照片每张的构图方法都不一样，就着急了。阿伟告诉娜娜，构图的方法非常灵活，没有一个完整的标准。对初学者来说，学习构图首先就是学习构图中最常用的经典构图法则。

4.2.1　九宫格构图

九宫格构图就是将一个画面在横向和竖向上都分为三等份，其中被分的九个宫格和四个交叉点就成为了九宫格构图的基准。在拍摄照片时，四个交叉点都可成为被摄主体的中心点。

快门速度：1/2000s
光圈：f7.1
ISO：100
焦距：22mm

在上面的画面中，拍摄者将主体放在了九宫格的一个交叉点上，这样的构图方式使画面更加和谐，同时更加美观。使用九宫格构图，能使画面呈现出变化与动感，更富有活力。当主体处于四个不同的交叉点时，所表现的视觉感觉也有所不同。一般情况下，上方的两个交叉点动感比下方两个交叉点要强，左边的两个交叉点比右边的两个交叉点强。不过，在使用九宫格构图时，一定要注意视觉平衡的问题。

4.2.2 三分法构图

在下面的照片中，摄影者将视觉中心放在了画面的其中一个位置上，适宜地表现了多形态的主体，这种构图方法就叫做三分法。三分法构图不仅可以表现大空间小对象，也可以表现小空间大对象。

三分法与九宫格构图法的最大区别就是，九宫格构图法可以将主体放在四个交叉点上或任意一个宫格中，而三分法是将主体放在画面中的三分线上。

快门速度：1/125s
光圈：f5.6
ISO：400
焦距：18mm

教你一招

三分法的使用技巧

在进行风光类摄影时，地平线最好放在画面的三分之一处，避免地平线放在画面中间造成画面整体呆板。而在拍摄人像时，也应该将人物放在画面的三分线上。如果将人像放在画面中间，就不能给人强烈的视觉感，这是摄影构图的大忌。

4.2.3　三角形构图

三角形构图可以分为正三角形构图、倒三角形构图、不规则三角形构图以及多个三角形构图。三角形构图在摄影是运用最多的构图方式之一，这种构图方式在结构上非常稳固，能够营造出安定感，给人一种强大、稳定、无法撼动的印象。

利用正三角形构图来表现钟楼的悠久历史，从整个画面来看，正三角形构图将观赏者的视觉强制从底部引导到最顶端的汇合处

快门速度：1/10s
光圈：f5.6
ISO：800
焦距：24mm

在使用三角形构图的过程中，还可以利用画面中的三角形态势来突出主体，这种三角形可以是由形态形成的，也可以是由阴影形成的。

在前面的照片中，体现了正三角形带给人的视觉感受，而使用倒三角形构图则会给人一种开放性及不稳定感产生出来的紧张感。如果使用不规则三角形构图，会给人一种灵活性的跃动感，而多个三角形构图会使动感加强。

倒三角形构图，能给人一种紧张感，但在风光照中出现时，则会传达豁达的感觉

快门速度: 1/200s
光圈: f4.8
ISO: 200
焦距: 60mm

4.2.4 直线构图

在摄影构图中，直线构图主要是利用被摄体的线性走向来进行画面的规划，以线带面的形式来表现画面，带给人一种方向感或纵深感。按线的走向来分，可以将其分为垂直线、水平线和斜线等，当然这些线型都被广泛地应用在摄影构图中。

1. 垂直线构图

垂直线构图常用于拍摄树木和瀑布等情况，并且常常使用垂直画幅进行拍摄。垂直画幅更能展现出一种庄严、崇高的感觉，然后再利用直线上下的延伸感，同时改变连续垂直线的长度，不仅可以使画面更紧凑，还可以体现出较强的节奏感。

快门速度：1/100s
光圈：f8
ISO：400
焦距：56mm

当然，使用垂直线构图进行拍摄时也并不是不能使用水平画幅，使用水平画幅拍摄树木会给人一种压缩、浓密的感觉。

快门速度：1/200s
光圈：f3.3
ISO：100
焦距：5mm

2. 水平线构图

水平线构图又称为横线构图。在摄影构图时，需要合理利用画面中的线条关系，如果横线使用不到位，则会导致将画面一分为二的情况，从而使两个部分之间毫无关联。

快门速度：1/125s
光圈：f4
ISO：80
焦距：11mm

水平线构图通常都非常简洁，能使画面产生宁静、宽广、博大的感觉。画面中，经常使用地平线作为单一的横线，有时候在画面中也会出现多条横线。此时，可以将主体放在部分线的某一段上，这样不仅能装饰画面，而且主体在放置的横线处还能产生短线效果，更加突出主体。

快门速度：1/320s
光圈：f5.2
ISO：50
焦距：6mm

3. 斜线构图

对角线构图可以获得比较活泼的画面效果。将具有线条特征或者方向感较强的拍摄对象在画面中稍微倾斜一些,就能获得斜线构图。

斜线构图能使画面具有延伸的动感,从而形成静止的流动效果,产生方向感,使画面气势大增。

快门速度: 1/80s
光圈: f2.8
ISO: 80
焦距: 5mm

当拍摄主体在画面中所呈现的线条正好占据对角线的位置时,就形成了对角线构图。对角线构图使拍摄景物刚好将画面从对角线处一分为二,其构图趣味点在于可以将拍摄主体放在对角线的位置,利用对角线的长度强调主体的纵深感与延展性,同时使主体与陪体发生直接的联系,吸引观赏者的视线。

教你一招

放射性构图

放射性构图是斜线构图的一种复合方式,以画面中的一个点为中心,产生多条放射状的斜线,这种构图常出现在有明显透视关系的建筑、桥梁等拍摄题材中,是一种视觉冲击较为强烈的构图形式。

快门速度：1/2000s
光圈：f2.8
ISO：200
焦距：50mm

▌4.2.5 对称构图

对称构图可以将画面分为上下或左右区域，它具有平衡、稳定、相呼应的特点，但是与之对应的缺点就是呆板、缺少变化。

在数码摄影中，对称构图常用于表现建筑等对称的物体或其他具有特殊风格的物体，但是对称中的细节不可能是完全对称的，如一张人物照中背景和人物面部的头发，不可能是完全对称的。

快门速度：1/100s
光圈：f3.6
ISO：100
焦距：55mm

　　对称构图的对称中心可以由被摄体的中心决定，当然也可以由摄影者自行寻找。使用对称构图可以使用水平面作为天然的对称中心，拍摄倒影效果，不仅可以改善对称构图呆板的缺点，而且还能使平静如镜、波澜不起的水面产生一种宁静的感觉。

快门速度：1/30s
光圈：f11
ISO：100
焦距：17mm

4.2.6　曲线构图

曲线构图是完全凭借着画面中优美的曲线来吸引观赏者的视线的一种构图方法，它的魅力让众多的观赏者痴迷。在自然界中，能够体现曲线美的对象很多，不管是具有生命力的动植物、还是平静的道路，甚至是有运动现象的物体，都能体现出曲线美。

快门速度：1/400s
光圈：f5.6
ISO：100
焦距：17mm

在使用曲线构图的手法拍摄时，大多数摄影者想到的就是S形构图。S形构图可以给人一种柔软性和律动感，在拍摄河流、溪水、曲径、小路时，是摄影者的不二之选。如下图中，摄影者使用S形曲线来表现河流的形态，加上S形曲线具有延长、变化的特点，使整个画面充满韵律，并产生了优美、雅致、协调的感觉。

快门速度：1/40s
光圈：f16
ISO：100
焦距：34mm

当拍摄盘山公路等不能直接使用S形曲线构图时，弯弯曲曲的曲线在画面中同样会吸引欣赏者的目光。在下图中，弯曲优美的曲线战胜了人们对山路本身的恐惧感，视线随着弯曲的曲线纵深移动，带给人们的是由山路表现出来的艺术感。

快门速度：1/125s　光圈：f9
ISO：200　焦距：28mm

教你一招

S形曲线构图技巧

S形曲线在构图中还具有一种穿针引线的作用，可以把画面中散乱无关联的景物连接起来，形成一种和谐的统一的整体。在风光、旅游摄影中，常常遇到一些远处的山峦与近处的林木石崖之间没有整体的有机联系的情况，此时，可以选择一条弯曲的河流或蜿蜒的小路，以S形由远及近地把各种景物串联起来，使之浑然一体，构成完美的画面。

4.2.7 中央重点构图

中央重点构图又叫做圆形构图，无论是在人像摄影还是风景摄影中，将主体放在画面的正中央是摄影构图的大忌，但是这不能表示被摄主体绝对不能处于画面的中心位置。

在实际拍摄过程中，单独的鲜花、昆虫等对象，适当地处于画面的中心，形成圆形，可以将观赏者的视线强烈引向主体中心，从而突出被摄物。

快门速度：1/800s
光圈：18
ISO：200
焦距：18mm

4.3 常用的趣味构图法

在前面的学习中，娜娜受益匪浅，翻着手中的照片，她觉得一些照片很有趣。阿伟接过娜娜手中的照片，看了才知道娜娜觉得有趣的是照片中的构图手法。阿伟告诉娜娜，一些有趣的构图手法同样会为照片增色不少。

4.3.1 V字形构图

V字形构图是最富有变化的一种构图方法，其主要变化是在方向上的安排，不管是横放还是竖放，其交合点必须是向心的。此外，使用双V字形构图能克服V字形构图法引起的画面不稳定感。不但具有了向心力，而且稳定感得到了保证。

在下面的照片中使用了正V形构图，衬托出了山体之间的形态。一般在前景中使用正V字形构图，可以使V字形作为前景的框式结构来突出主体。

快门速度: 1/400s	光圈: f8	
ISO: 100	焦距: 35mm	

4.3.2 C字形构图

C字形构图其实也是曲线构图的一种，只不过它在配合拍摄角度后会出现趣味性变化。一般的情况下，多在工业、建筑等题材上使用。

使用该种构图法进行拍摄时，要注意把主体对象安排在C字形的缺口处，从而使观赏者的视觉随着C字形弧线推移到主体对象上，而C字形构图在方向上可以任意调整。

快门速度：1/60s　　光圈：f5.6
ISO：400　　　　　焦距：42mm

4.3.3　L字形构图

L字形构图是一种巧妙地运用情景进行构图的方式之一，常用于风光摄影。该构图方式用类似于L形的线条，在画面简洁、朴实的照片中能给照片带来天马行空般的视觉延伸感。

快门速度：1/200s	光圈：f5.6
ISO：80	焦距：85mm

L字形构图的优点在于，利用L形的前景所形成的重影调在画面中留出部分空间。在这个空间中，只要精心构思和安排一些小景物加以描绘，马上就会使画面产生无限生机和情趣。

教你一招

L字形构图注意事项

L字形构图中画面常常不是分割平均的，在构图时一定要注意整体画面的平衡感。另外，L形折线的汇聚点很有可能是画面的重心，在选择汇聚点位置时需要慎重。一旦选择了错误的汇聚点，便会失去画面的平衡感，从而使照片成为失败的作品。

在人像摄影范畴中，经常会利用场景、道具、人物姿态的结构形状来构成L字形。道具一般使用椅子、沙发等具有L形结构的物品，当然，也可使用画面场景自然形成L形，还可利用拍摄环境中的地形、地物巧妙地构成各种各样的L形。设计人物姿态时，可利用模特拖长的裙摆、肢体形成L形。

快门速度：1/200s
光圈：f5
ISO：200
焦距：24mm

4.3.4 框形构图

框形构图是将需要强调的主体框起来，以收拢上下左右宽阔的画面，使整个画面产生一种紧凑感，具有庄重、稳定的感觉。

快门速度：1/200s	光圈：f5.6
ISO：100	焦距：6mm

教你一招

框形构图拍摄技巧

使用框形构图需要牢记保持前景与拍摄主体之间的平衡，不能使照片中的框架太过突出。使用广角镜头时，不要将主体拍得太小，而应向前走几步。使用中变焦镜头时，可以轻微地压缩视角，使主体自然增大。

如果缺少了框架的点睛之物，框形构图就会显得呆板枯燥，失去平衡。在运用框形构图手法拍摄风景时，可以在画框的前景位置上选择影调比较深重的岩石、建筑物与大地构成框形的前景，然后在空白的空间中耐心寻找或等待运动物体成为拍摄主体。

快门速度：1/100s　光圈：f5.6
ISO：200　焦距：54mm

在使用框形构图时，也可以使用改变景深的方法来突出框架或背景。比如，以一棵树为焦点，采用远摄镜头和大光圈拍摄背景，使树占据画面的主体，或者聚焦在背景上从而使树偏离焦点，将观赏者的视觉中心移至画面深处。如果有合适的支撑物，延长曝光时间还能使画面更加清晰。

4.3.5 封闭式构图和开放式构图

封闭式构图源自绘画，它的主旨是图像的完整，也就是用一定的框架将需要的物体圈起来，不让它们与外界发生关系。在使用封闭式构图时，摄影师将框架看作一种外部世界和框内世界的界限，将框架之内看成是一个独立的世界。

封闭式构图要求摄影师在进行构图时，画面需要有明确的内容和结构中心。

| 快门速度：1/100 | 光圈：f 5.0 |
| ISO：100 | 焦距：17mm |

封闭式构图比较适合于要求和谐、严谨、抒情性风光和静物的拍摄题材。与之相反的是开放式构图，开放式构图在安排画面上的物体时，着重于向画面外部的冲击力，强调画面内外的联系。

开放式构图常常将画面上的人物视线和行为的落点放在画面之外，暗示画面与画面外的某些事物有着呼应和联系，有意地在画面周围留下被切割的不完整形象。很多摄影师经常在近景、特写中进行大胆而不同于常规的裁剪处理，使照片充满了悬念。

| 快门速度：1/50 | 光圈：f 5.6 |
| ISO：800 | 焦距：184mm |

4.3.6 远近大小对比构图

使用远近大小对比可以得到充满韵味的照片，它常常被用于对相同属性的物体进行拍摄。

进行构图时，需考虑对被摄群体最近和最远个体的距离角度进行取景，并注意近大远小的变形原则。

对于远近大小对比来说，并不是透视效果越明显越好，近处的物体若占图像比例过大会造成压抑、不自然的感觉。在选择拍摄距离和角度时，可以选择透视效果明显、但又不十分夸张的距离进行拍摄，这样才能做到有韵味。

快门速度：1/500	光圈：f 10
ISO：100	焦距：100mm

4.4　更进一步——攻克构图不可不知的事

经典构图法、趣味构图法，通过阿伟的讲解，娜娜已经感到头晕目眩，但还是没有打消学习构图的积极性，因为阿伟还要给她说一些构图不可不知的事，那到底是什么事呢？娜娜非常感兴趣，便认认真真地听着阿伟讲解。

第1招　移步换景就是秘诀

移步换景的书面意思是指人走景移，随着观察点的变换，不断展现新画面。在摄影构图中，不少摄影师都会频繁地往前后左右、上下高低的不同位置走动，寻找最佳的视点，拍摄最独到的风景。

快门速度：1/200s　　光圈：f5.6
ISO：200　　焦距：40mm

这两张照片都是在同一个旅游景点拍摄的，只是稍微改变了一下拍摄位置和构图

教你一招

移步换景，能拍摄最美的风景
当美景在前时，一定不要懒惰，多走动，多找寻几个拍摄视点，努力拍摄到最美丽的风景。

第2招 选择水平画幅还是垂直画幅

在拍摄过程中，对画幅的选择也非常重要。通常，摄影师选择的画幅格式最常见的就是水平画幅与垂直画幅。具体采用哪种画幅，还需要摄影师根据拍摄意图、被摄体的形态和背景的特点来确定。

水平画幅的照片通常用于拍摄一个完整的被摄体，或者同时有多个被摄体的情况。使用水平画幅时，最好将被摄体放置于画面的垂直三等分线上，这样才能使画面更具有安定感。

快门速度：1/800s 光圈：f3
ISO：200 焦距：15mm

■ 被摄体位于画面的垂直三等分线上，使整个画面更具有安定感

垂直画幅也是经常用到的一种方式。使用垂直画幅拍摄照片，可以避免更多无关紧要的背景进入整个画面，影响对被摄体的突显。

虽然垂直画幅的照片给人的稳定感相对要差一些，但被摄主体却往往比水平画幅的照片更加明确，给人带来的视觉印象会更加深刻。

快门速度：1/80s 光圈：f11
ISO：100 焦距：24mm

第3招　构图禁忌

许多摄影初学者在学习构图时，总是不能掌握好构图的要领，这里总结出了数码摄影的构图禁忌供大家学习参考。

禁忌1：主体背景不能有杂物。这一点禁忌与在前面讲解的简化背景的道理相同。

禁忌2：地平线歪斜。在风景照中，地平线一旦歪斜，会使照片看起来不稳定，也不美观。

禁忌3：色彩没有主次。在拍摄色彩鲜艳的景物时，应该遵循"万绿丛中一点红"的色彩搭配规律，并且应该尽量避免大块的色彩在画面上铺张。

禁忌4：主体太大或太小。拍摄主体在照片上太小，难以看清；主体太大，在画面上铺得太满，会使画面显得紧凑、不自然。为了避免这一情况，应该在被摄主体前方留出一些空间，才能使画面显得自然美观。

第4招　二次构图的方法

每个人都希望每张照片都有着完美的构图，但是在抓取瞬间，即使是大师级的摄影师都会因为拍摄位置、镜头或瞬间的把握的时机等因素，而不能拍出每张都完美的照片。当没有拍出理想的照片时，可以采取二次构图的方法来弥补。

其实，二次构图就是照片的剪裁，主要是指在电脑中通过一些图像处理软件进行裁剪，在剪裁时还需要注意以下两点。

注意1：被剪裁的照片要做备份，一旦覆盖了原文件，照片便很难进行再创作了。

注意2：被剪裁的照片像素越高越好。高像素的文件在局部裁切后仍然具有一定的输出尺寸，而低像素照片则很难输出高品质的大尺寸照片。

4.5　活　学　活　用

（1）使用卡片机，通过九宫格构图法练习拍摄。

（2）使用数码单反相机，利用对称构图拍出一张倒影照片。

（3）多观赏摄影师的作品，从中学习摄影师构图的方法。

（4）使用数码相机，分别练习经典构图法和趣味构图法的拍摄方法。

☑ 你知道不同方向的光源能拍摄出什么效果的照片吗？

☑ 你是不是想利用光线拍摄出一些有创意的照片呢？

☑ 你对补光的方法知道多少呢？

第 05 章
光线就这样用

娜娜在不断的实践中明白了一个道理，要想拍摄出好的照片，光线非常重要。通过反复的练习，娜娜还是没能很好地掌握光线的使用方法，于是便又找到了阿伟。阿伟告诉娜娜："光线对于一张照片的成败有着举足轻重的作用。事实上，无论是自然光还是人造光，都有一些共同的特征，掌握这些光线的特性就能更好地控制光线为我们所用。"

5.1 不同光源下的拍摄

　　阿伟告诉娜娜，光的方向由光源的位置决定，同时还确定了光线的照射方向，而被摄者所处的位置和姿势也是决定光方向的因素，不同方向的光源会制造不同的影像效果，其拍摄方法也不尽相同。

5.1.1 顺光拍摄

　　顺光是指光线来自摄影师的背面，被摄主体在摄影师的前方，光源、摄影师和被摄体三者位于同一轴线上。

　　顺光拍摄的特点就是拍摄景物不会有阴影，反差小，其色彩、线条、形态、气氛都能得到真实的表现，镜头也不会因为有光源的光线直接进入而导致眩光。在这种光线下，景物清晰明亮，数码相机的一般拍摄模式都能很好地还原场景。其缺点就是光线过于平均，被摄主体的明暗层次不容易展示，会使画面缺乏深度。这种情况下，尽量选择被摄景物主体和背景色彩对比大的场景。

光
线

■ 顺光拍摄光位图

快门速度：1/200s
光圈：f2.8
ISO：100
焦距：40mm

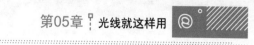

5.1.2 侧光拍摄

侧光是指被摄主体和摄影师位于同一轴线，光线从轴线两侧照过来，而被摄主体一侧受光产生阴影，在这种光线下进行拍摄所形成的反差，会使形态、线条、质感得以突出，从而产生多变的构图。在侧光下进行拍摄，给构图和曝光都增加了一定难度。根据光源的的角度不同，侧光又分为45°侧光和90°侧光。

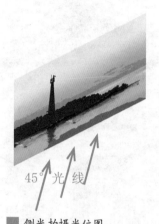

■ 侧光拍摄光位图

| 快门速度：1/60s | 光圈：f5.6 |
| ISO：100 | 焦距：55mm |

45°侧光一般出现在上午九十点钟和下午三四点钟。45°侧光能产生良好的光和影的相互作用，使被摄物形态中丰富的影调能体现出一种立体效果，并能将表面结构微妙地表现出来。

在拍摄人像时，不管是室内还是室外拍摄，45°侧光都是最佳光源类型。

90°侧光可以理解为是用来强调光明和黑暗强烈对比的戏剧性光线。90°侧光能将表面结构的每一个微小的突起突出地表现出来，所以又被摄影师称为"结构光线"。

| 快门速度: 1/500s | 光圈: f8 |
| ISO: 200 | 焦距: 24mm |

■ 被摄体朝向光线一面沐浴在强光中，而背光一面却掩埋在黑暗之中

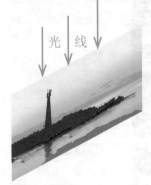

■ 顶光拍摄光位图

▌5.1.3 顶光拍摄

顶光拍摄，顾名思义就是从头顶照射下来的光线，正午的阳光就是最具代表性的顶光。

在顶光下拍摄，会在被摄体隆起部分的下方出现阴影，如拍摄人物时，人物的眼睛、鼻子等隆起部分会有阴影，因此要尽量避免使用顶光。如果是室内灯光造成的顶光效果，则使可以使用反光板为阴影部分补光。

在拍摄风景时，可以用顶光表现宽广的场景。亮度适宜的顶光还可用于为画面添加饱和的色彩、均匀的光影分布以及丰富的画面细节。在顶光场景拍摄时，对侧光的掌握也非常容易。

■ 室内摄影的顶光利用，更具层次感

快门速度：1/80s
光圈：f2.8
ISO：3200
焦距：44mm

5.1.4　逆光拍摄

　　当光线来自被摄主体的背面，摄影师正对被摄主体时，就形成了拍摄逆光照的条件。逆光拍摄时，被摄主体大部分处在阴影之中，而强烈的轮廓光可勾勒出物体的清晰形状，从而创造出鲜明而简洁的画面。此时，被摄物体会变为一个黑色的剪影。如果控制好曝光，尽管被摄体与背后的光线反差强烈，仍然可以将被摄主体的的细节捕捉到。

　　在逆光条件下，曝光需要极大的准确性，拍摄难度也非常大，可以说是最具挑战性的拍摄方式。成功运用逆光拍出的图片都十分具有艺术魅力和表现力。

光
线

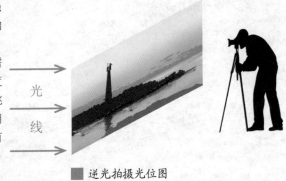

■ 逆光拍摄光位图

快门速度：1/350s　光圈：f4.8
ISO：200　　　　焦距：310mm

■ 逆光下拍摄的剪影效果

教你一招

逆光拍摄主要的表现方面

逆光拍摄的难度虽大，但是拍摄出来的图片都具有艺术魅力和表现力，其主要表现在如下几个方面。

增强质感：在拍摄透明或半透明的物体时，比如花卉、玻璃酒杯等，逆光为最佳光线。逆光条件下，能使透光物体的明度和饱和度都得到提高，使被摄体呈现出美丽的光泽和较好的透明感，明暗相对，增强了对主体的表达。

渲染画面：在风光摄影中，逆射光线可以勾画出如镶嵌金边的红霞、沸腾的云海，山峦、村落、林木似剪影一般，使作品的内涵更深，意境更高，韵味更浓。

增强冲力：在逆光拍摄中，会掩盖暗部的大部分细节，被摄体以简洁的线条或很少的受光面积突现在画面中，高反差给人以强烈的视觉冲击，产生强烈的艺术造型效果。

■ 逆光下拍摄渲染画面的效果

快门速度：1/100s	光圈：f3
ISO：80	焦距：70mm

快门速度: 1/350s 光圈: f4.8
ISO: 200   焦距: 310mm

■ 逆光照射下的水滴, 明度和饱和度都
得到了提高, 呈现出最美丽的透明感

教你一招

搭建简易摄影棚

摄影棚对许多的摄影爱好者来说都充满了神秘感。在摄影棚中可以观察、改善光线，当光线良好的时候，再来捕捉那美丽的瞬间。为了能拍出满意的照片，有经济实力的摄影爱好者可以购买摄影器材，然后自己搭建一个简易的摄影棚，搭建摄影棚的图解如下。

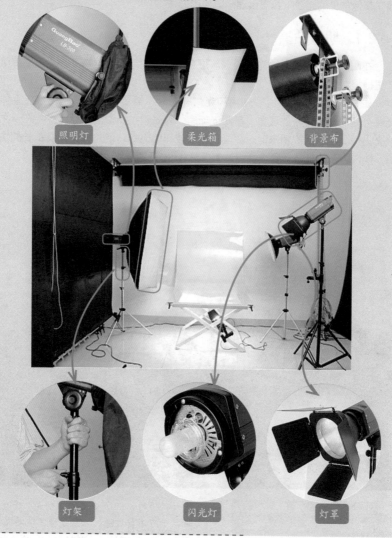

照明灯

柔光箱

背景布

灯架

闪光灯

灯罩

5.2　常见的其他光线拍摄

在前面讲解了不同方向光源的拍摄方法，阿伟又告诉娜娜："在实际拍摄过程中，还需要灵活地运用各种光源。比如拍摄剪影效果，虽然逆向光源是拍摄的前提，但是还需要配合其他的参数设置，不然拍摄效果也会不尽人意。下面就给你讲解在其他常见的光线下拍摄出理想效果的方法。"

5.2.1　阴天拍摄

在阴天拍摄照片时，光线较弱。想在阴天里拍好照片，需要注意控制好曝光，并正确控制白平衡。

如果光线确实较暗必须使用闪光灯补光时，需要注意不要出现被摄主体局部光线生硬而背景昏暗的现象。就曝光而言，背景较主体昏暗的原因主要在于主体的补光太过。所以阴天拍摄时，先尝试不要使用闪光灯，使用大光圈及稍长的快门时间，快门若无法维持在安全快门，考虑再将ISO调高一级或使用三脚架。

快门速度：1/400s　光圈：f7.1
ISO：100　　　　焦距：35mm

在阴天拍摄时，一个重要的原则是，宁愿稍稍欠曝，千万不要过曝，一旦过曝不但层次损失，色彩也会显得平淡，后期制作也很难弥补

5.2.2 轮廓光拍摄

轮廓光属于逆光效果，它能够勾画被摄对象的轮廓，强调出被摄主体富有生命力的一面。在自然界中，能制造出轮廓光效果的一般都为高角度的逆光。比如，在上午九点到下午四点左右的光线条件就很容易拍摄出轮廓光效果。

在用人工光照明中，轮廓光经常与主光和辅光配合使用，这样可使画面影调层次富于变化，从而增加画面的形式美感。

快门速度：1/100s　光圈：f8
ISO：100　　　　焦距：60mm

■ 逆光下拍摄出来的树叶，不仅表现出了树叶的轮廓，还使其变得格外通透

教你一招

轮廓光的妙用

当主体和背景影调重叠时，比如主体和背景都暗的情况下，可以利用轮廓光分离主体和背景。

■ 主体与背景影调重叠，人物面部的轮
　廓起到了分离的效果

| 快门速度: 1/640s | 光圈: f2.8 |
| ISO: 200 | 焦距: 200mm |

5.2.3　影子拍摄

　　拍摄影子常常被摄影爱好者作为一种乐趣。当然，影子的出现绝对离不开光线的照射。

　　影子的拍摄可以借助自然光，也可借助人造光源。当借助自然光时，早上或傍晚的光线是拍摄的最佳时刻。因为此时的太阳处于较低的角度，照射到被摄体后可以将被摄体的影子拉得很长。

| 快门速度: 1/25s | 光圈: f11 |
| ISO: 100 | 焦距: 10mm |

■ 夕阳西下，树木留下了长长
　的影子

正午时分，阳光处于正上方，这种情况与前面讲过的顶光拍摄一样，不适合拍摄人像，但此时如果只拍摄人像的影子，反而会增加不少的乐趣。

快门速度：1/100s
光圈：f2.7
ISO：100
焦距：3mm

提示：拍摄光影对比比较强烈的照片时，可以采用包围曝光法，以避免曝光失误。

教你一招

拍摄创意影子的要领

影子拍摄作为众多摄影师的乐趣，当然可以拍摄出一些具有创意性的照片，那么怎样才能拍摄出具有创意性的影子照片呢？

要领1：确认太阳的位置和影子的方向以及长度。

要领2：尽可能选择简单、洁净的地面。如果想要拍摄出戏剧性的效果，可以在地上放置一些道具，然后摆出简单易懂的造型，使影子与道具配合来创造戏剧性的效果。

要领3：拍摄时，要注意避免摄影者的影子以及相机和三脚架等设备的影子进入拍摄画面。

5.2.4 剪影拍摄

剪影其实早就存在于我们的生活中，古老的皮影艺术就是利用这种光线展示出来的，其原理就是当物体完全处于背光状态时，就会形成剪影效果。

当摄影师需要强调一种神秘感时，通常都会选择剪影拍摄，因为它是强调神秘感最好的载体。剪影拍摄需要注意对白平衡的控制。比如，同样是在日落时拍摄剪影照片，只要调整好白平衡，既可以拍摄成为蓝紫色调，也可以拍摄成为橙红色调，所以只有控制好白平衡，才能获得所希望的色调。但是在决定使用的色调时，还是要根据需要表现的题材和意境来决定画面的色彩基调。

快门速度：1/500s 光圈：f6.3
ISO：100   焦距：180mm

教你一招

表现出剪影照片的轮廓

剪影的魅力在于被摄对象的外形轮廓，轮廓线本身要优美、有特色。要将轮廓形状表现好，就需要摄影者选择合适的角度。在选择拍摄角度时，要避免相互间明显的重叠，否则容易妨碍轮廓线的表现。

5.3 更进一步——光线使用小妙招

通过学习，娜娜对光线的使用有了很深的认识，但是对于拍摄需要使用曝光难度较大的光线，还是感到很无助，而且她对补光的方法也不太清楚。阿伟听了娜娜的想法后，决定再告诉娜娜一些关于使用光线的技巧。

第1招 在室外光线下拍摄人像的技巧

在室外拍摄人像，初学者往往都会选择从身后直接照射过来的明亮阳光和直接照射到被摄物的正面光，这样直接会导致被摄对象睁不开眼。

其实，正确的方法应该是不要让被摄对象身处直射的阳光下。具体地说，就是将被摄对象置于温和的漫射日光中。比如，选择一个阴云天气或者是在阳光明媚的日子里等待一个云遮住直射阳光的机会。另外，如果要在直射的情况下使被摄对象睁开眼睛，可以通过转动被摄对象的脸部，使太阳光不再直射到眼睛，从而避免眯眼。使用该方法的同时，还需要使用一块白色的反光板反射阳光到脸上有很深阴影地方。

第2招 使用闪光灯补光

一般相机上都附带闪光灯，而且在自动模式下不需要手动控制闪光灯。看似简单的闪光灯，其实还有许多别的用处，在应用时也会有很多技巧。

通常，闪光灯发出的光线都比较硬，如果直接照射在被摄者身上，距离较近的话就很容易造成生硬的效果，那怎么才能让闪光灯的光线显得更加柔软一点呢？其实，可以通过在前面加上柔光板，强制柔化光线。不过，该方法在家用相机的闪光灯上不能被实现。

另外，闪光灯在室内使用时，除了可以照亮被摄体之外，还可以通过直接将闪光灯对着被摄主体或利用反射面为处于逆光的被摄体补光。

第3招 反光板和柔光板

反光板和柔光板都是改变光线性质或者方向的设备。反光板可改变光的方向，常用于补光；柔光板可改变光线的强度，常用于改变光的柔度。当反光板为黑色时，就被称为吸光板，主要用于吸收多余的光线，制造特殊效果。

反光板可以移近或挪远，调节反光板角度可以得到适量的光线。如果配合其他不同质量的物体作反光板，还可得到不同质量的光线。如白色板能反射出柔和的光，金色的反光板在拍摄人像作品时，会增加被摄体肤色的魅力。

反光板

柔光板

提示：柔光箱与柔光板的原理是相同的，只是柔光箱是不能安放在相机自带的闪光灯上，而柔光板则可以。

5.4 活学活用

（1）使用单反相机在顺光和侧光条件下练习拍摄。

（2）分别使用单反相机和卡片相机在逆光下拍摄出剪影效果。

（3）试着搭建一个简易的摄影棚，然后对一些小饰品进行拍摄。

☑ 想知道拍摄的景别该怎么选择吗？

☑ 是不是还在为不能拍摄出优秀的风景照而发愁呢？

☑ 想知道如何记录旅行的意义吗？

☑ 你抓住过几次彩虹呢？

第06章
自然景观拍摄

娜娜今天可高兴了，因为阿伟计划再次回归大自然，感受当年的摄影乐趣。而在这次的旅行计划中，阿伟决定带上娜娜，让娜娜这个新手好好锻炼一下。虽然很高兴，但是娜娜还是有些担心，毕竟自己是个女生，外出这么长的时间，不知道自己能不能坚持到底。看到娜娜犹豫不决的样子阿伟笑着说："你可要想好哦！这次我们的拍摄之旅是以摄影为主，在这个过程中，你锻炼的不仅是摄影技术，还能融入大自然，拍摄到你从未见到过的奇异景象。"娜娜被说得心动了，顿时决定再苦再难都一定要坚持到底。

6.1 自然景观拍摄常识

阿伟告诉娜娜，这次的拍摄计划能拍摄的景物很多，最为常见的就是自然景观的拍摄。娜娜便问阿伟，自己这样的新手，是不是也应该提前了解一些常识性的问题呢？阿伟肯定了娜娜的观点，决定先给娜娜讲解一些自然景观拍摄的常识。

▌6.1.1 器材准备

在进行自然景观拍摄时，所用到的器材会比常规拍摄多很多，下面介绍一下需要准备的镜头和附件器材。

1. 镜头准备

对自然景观摄影来说，在众多的镜头中，广角镜头是必不可少的。这主要是因为广角镜头能够表现出大自然的磅礴，带给观赏者一种视觉上的震撼。通常建议选择28mm的广角镜头。如果摄影者在已知拍摄题材的情况下，也可选择一款长广角

镜头备用。

除广角镜头外，摄影者还可再携带一个标准镜头。当然，如果摄影者觉得标准镜头不能满足需求，完全可以再准备一个适合自己的镜头。比如，准备一个长焦镜头也是个不错的选择，因为长焦镜头正好与广角镜头相反，能够很好地刻画出风光小景。

2. 附件准备

自然景观摄影对附件的要求也非常严格。比如，摄影者需准备一个坚固耐用的摄影包，以保护携带的镜头和机身；携带一个轻便的三脚架，更有助于拍摄。对于其他的附件器材，可以根据实际情况选择性地携带，如滤色镜，能够达到使拍摄出的天空更蓝、云彩更加洁白。相同的道理，如果所到之处非常适合拍摄水中的景物，那么也可以准备一个偏振镜以消除拍摄时的反光。

| 快门速度：1/180s | 光圈：f5.6 |
| ISO：100 | 焦距：28mm |

■ 广角镜拍摄的全景效果

6.1.2 如何选择自然景观拍摄景别

自然景观拍摄的对象数不胜数，只有选择适合的景别，才能更好地表现出拍摄主题。拍摄自然景观时常见的景别有远景、全景、中景、近景和特写等，下面分别对其进行讲解。

1. 远景

远景主要用于表现视距最远、空间范围最大的一种景别，是各类景别中范围最大的景别。

在自然景观拍摄中，拍摄茫茫群山、浩瀚的大海、无垠的草原以及山川走向等时，都会用到远景景别。使用远景拍摄的好处是画面开阔，视野中有较大的信息容量，能全方位地展示自然景观。远景中的场面也非常壮观，会给人带来一种视觉上的冲击和震撼。

快门速度：1/60s　　光圈：f16
ISO：200　　　　　焦距：10mm

■ 使用远景拍摄的照片，画面简单、清晰、开阔、壮观、有气势，具有较强的抒情性

2. 全景

全景可以将被摄影像的全貌表达清楚，特别是在纪实新闻拍摄中，最能直接表现出其外观整体形象。全景是画面构图中集纳造型元素最多的一种景别。

全景画面与远景画面相比，有明显的内容中心和结构主体。其中所表现的被摄体、场景全貌充当了介绍景观的角色。使用全景拍摄的好处是比较注重画框内主体的整体结构和表现意义，重视视觉轮廓形状和视觉中心地位。

■ 使用卡片相机的全景拍摄功能
拍摄的全景画面效果

快门速度：1/100s 　光圈：f13
ISO：80 　焦距：11mm

教你一招

使用卡片相机拍摄全景画面

全景画面通常需要通过广角镜头拍摄，如使用卡片相机则需要卡片相机具有全景拍摄功能。将其调整至全景拍摄模式，按下快门键，水平匀速移动相机即可完成全景拍摄。

3. 中景

如果是进行人物拍摄，中景画面通常用于表现人体膝盖以上的部分。而在自然景观拍摄中，中景景别画面常用来表现被摄主体中景物较大的部分。较远景画面而言，中景画面更重视具体动作和情节，而被摄体的整体形象和环境空间则降为次要位置。

在中景画面中，观赏者看到的更多的是被摄主体的大部分形态，更有利于交待主体与陪体之间的关系。中景画面能够能很好地表现周围景物的活动范围。在许多自然景观拍摄中，使用全景会过大，使用近景则过小，而使用中景则既可使画幅表现得清晰又可得到最佳的画幅。

快门速度：1/100s　光圈：f5.6
ISO：80　　　　焦距：70mm

■ 使用中景画面拍摄的大自然

4．近景

　　近景与中景相比，画面内容更趋向单一，表现具体。如果是拍摄人像，则人物胸部以上的部分应为画面的主体。近景画面仅从空间大小上就能清楚地将主体与陪体区分开来。在近景景别的画面中，环境和背景的空间将进一步减弱，被摄体周围的环境和空间特征也将不明显。

　　近景画面能重点而细致地表现出被摄体的神态和姿态，能带来视距的缩小与逼近，使欣赏者与被摄体之间的距离缩小。

教你一招

近景景别在人物摄影中的应用

在人物摄影中，近景拍摄可将人物的喜、怒、哀、乐等神情一览无余地表现出来，由于内心波动而反映出来的面部微妙变化也会显而易见。所以，近景是表现人物面部神态和情绪、刻画人物性格的主要景别。

■ 使用近景画面拍摄的小麦

快门速度: 1/180s	光圈: f5.6
ISO: 60	焦距: 140mm

5. 特写

　　摄影中的特写就相当于文学作品中的细节刻画，主要用于表现被拍摄对象的细部画面。

　　特写指拍摄被摄体的某一局部，将其充满画面后，本身就有一种强调和突出的意味。特写画面内容单一，细节突出，能达到透视事物深层次内涵的效果，常用于从细微之处揭示被摄对象的内部特征及其本质内容。特写能准确地叙述事情，达到直接影响观众心理的效果。特写画面放大了细部，而这会给观赏者一种生活中不常见到的视觉感受，形成一种强烈的视觉冲击力。

教你一招

人物特写

特写的表现手法在人物摄影中最为常用，如一个面部特写，从人物面部的眉毛、神情、视线及动作等细节中可体现出凝重的神态、刚毅的性格、丰富的情感等内在特质。

快门速度：1/125s	光圈：f2.8
ISO：100	焦距：7mm

特写镜头下的鸢尾，给人一种特别强烈的视觉冲击力

▌6.1.3　自然景观拍摄注意事项

拍摄自然景观通常需要摄影爱好者到户外地去寻找美丽的自然风光，为了能更方便地拍摄，并保证自己的人身安全，还需要注意以下几点。

1. 轻装出行

摄影爱好者可以根据出行的时间确定需要携带的生活用品。在够用的前提下，应尽量少携带东西，以便轻装出行。毕竟，携带沉重的行李爬山涉水，并不是一件愉快的事情。

在携带两三只镜头已经能够满足拍摄需要的情况下，再多带几只镜头还不如带一只备用机身。装行李的包应选择专为旅行设计的小包，另外，汗衫、遮阳帽之类可以在外购买的物品应尽量少带或不带。

2. 注意人身安全

出门在外，人身安全永远是第一位。在外出摄影途中，如果遇到一些路况不好的地方，如山区，应在上山前准备一些应急物品，且最好不要单独前往拍摄。在拍摄时，更不要只顾着陶醉于眼前的美景，一定要注意周边的环境，尤其是在崖边或临水的地方，一定要格外小心，不要乱冒险。

如果想要拍摄到少有人涉足的奇景，一定要找当地人作向导，安排好行程、准备好物品后，再与向导一同前往。另外，在乘车和拍照时，要注意保管好自己的财物，以免物品丢失。

3. 保护相机安全

数码相机是摄影的主要工具，因此要保护好相机的安全。一旦保管不当，造成数码相机丢失或损坏将会直接影响拍摄的进行。

数码相机是精密仪器，在外出之前，应该对相机的各个部件进行检查，其中也包括了对相机背带和挂钩的牢靠性进行检查。选择外出的摄影包，一定要具有防震动、挤压以及温度变化等功能。

4. 重视环境保护

在外出拍摄的过程中，不管是去森林大山，还是区旅游风景区拍摄，一定要注意环保问题。

由于人类对地球的过度开发利用，我们生存的环境已经日益恶化。在外出摄影的过程中，我们应该有高度的环保意识，不要随意丢弃生活垃圾，如塑料袋、矿泉水瓶等。这些行为不仅很不文明，而且会给环境造成污染，尤其是废电池，更不要随手丢弃，可以装在自己包里，回去后再放入回收箱中。

6.2 拍摄天然景观

一路走来，看到的风景非常多。娜娜很兴奋，可当她看了自己拍摄的照片后，摇了摇头，几乎失去了前进的动力。阿伟看见娜娜垂头丧气，便拿过她的相机看了看，然后评点道："其实这几张照片还是拍得很不错……这几张照片虽然有缺点，下次拍摄的时候可以这样……取景就应该这样……"

6.2.1 拍摄天空

拍摄天空，其实主要是指拍摄天空中必不可少的对象——云朵。云朵就像是天空中的棉花糖，千姿百态的云朵加上蔚蓝的天空，巧妙地构成了一幅自然美图，这也是众多的摄影爱好者喜欢拍摄天空的原因。

拍摄天空时，首先应调整好相机曝光值和快门速度等相关参数，而拍摄时机就需要摄影师自己等待。最好是拿好相机做好随时拍摄的准备，看到美景即可按下快门进行捕捉。

快门速度：1/160s 　光圈：f8
ISO：100 　　　　焦距：24mm

■ 拍摄的天空虽然很常见，但是画面底端的山水，为照片添色不少

教你一招

如何完美拍摄天空中的云朵

拍摄天空中的云朵时，对云彩的刻画关键在于曝光。将曝光值调得比正常值小一些，拍摄出来的云朵线条会更加突出。要想完美地表现云的质感，可以先确定云彩的各个明暗层次，再结合画面中的其他元素进行全面考虑。另外，拍摄时可以多拍几张，不能满足于只拍一张，因为天空和云的姿态瞬息万变。

■ 风云变幻的天空

快门速度：1/1250s	光圈：f9
ISO：200	焦距：100mm

▌6.2.2 拍摄山村田园风光

　　拍摄田园风光类照片时，需要摄影者先对环境进行观察，并在脑海中进行景致的取舍，然后选择最佳的拍摄角度进行拍摄。田园风光类拍摄对象非常丰富，选择非常自由。摄影者要学会利用自然条件如阳光、雾、雨、雪、云等，来丰富需要拍摄的画面。

拍摄该类照片时，采用高角度俯拍可以获得大场面的壮观效果。俯拍通常会带来景深效果，而且具有色调、线条和影调结构分明、气势磅礴的特点。

快门速度: 1/200s　光圈: f6.3
ISO: 100　焦距: 22mm

合理的构图，将观赏者的目光吸引到了画面中的水牛上

快门速度: 1/100s　光圈: f8
ISO: 100　焦距: 10mm

俯拍可以得到大场面的壮观效果

拍摄田园风光，对构图和用光方面都有讲究。构图时，应该从整体上的影调和线条结构来考虑。用光时，一般采用逆光或顶光，因为它是最能使景物呈现立体感、明暗层次更丰富的光线。拍摄出来的照片，以层次丰富、影调鲜明、线条清晰、轮廓分明为最佳。

■ 顶光效果，使画面更
具层次感

快门速度: 1/125s	光圈: f13
ISO: 100	焦距: 105mm

6.2.3　拍摄日出日落

日出与日落时的光线非常有表现力，拍摄出来的照片通常会偏向暖黄或暖红色，使画面中的景物具有一种独特的感染力。

■ 日出的光线在画
面中呈现暖意

快门速度: 1/250s
光圈: f13
ISO: 200
焦距: 49mm

　　想要在日出日落的时候拍摄出富有吸引力的照片，需要站在合适的位置。如站在高山山顶上拍摄日出，可以拍摄到在阳光照耀下的云海。如果想表现日落时的红日景象，可以使用长焦镜头拉近与太阳之间的距离，使太阳占据更大的画面，这样可使得红日到更好的表现。

快门速度：1/1000s　光圈：f5.6
ISO：100　　　　焦距：33mm

■ 在高山山顶上可拍摄出壮观的云海场面

　　使用有色滤镜进行拍摄，可使画面色彩更加绚丽，画面的整体色调更加统一。拍摄日落时，夕阳的美丽与辉煌呈现出来的时间很短，拍摄时动作一定要快。摄影者可以选择在春、秋两季进行拍摄，因为这两个季节日落早日出晚，且云层较多，更有利于拍摄。

■ 日落的景象

快门速度：1/1250s
光圈：f4.5
ISO：400
焦距：29mm

▌6.2.4 拍摄山景

许多摄影者都喜欢拍摄山景，因为山的形状多种多样，海拔也相对较高，可选的拍摄角度很多，所以拍摄起来相对较简单。

话虽如此，但实际拍摄并非如此，如果摄影者只是按照平常人观看的角度进行拍摄，那么拍摄出的照片也将平淡无奇。其实，想要拍摄到令人难以忘怀的照片，通常需要摄影者位于被摄山峰平行的地方上进行拍摄。使用这个角度拍摄的照片将会更有层次，效果更佳。

山景拍摄也需要考虑最佳的构图方式，如V字型构图常用于山景拍摄中，突出主体，加上光线的修饰，会使画面具有一定的明暗对比。

■ 错落有致的高山景色，层次分明

快门速度：1/250s	光圈：f5.6
ISO：60	焦距：6mm

| 快门速度: 1/80s | 光圈: f9 |
| ISO: 100 | 焦距: 28mm |

合理的构图加上逆光照射在人物上，
给人一种勇于挑战，不怕艰辛的印象

6.2.5 拍摄雨景

雨天的光线变化很复杂，有时亮度很低，有时亮度又很高，方向感也不明确。因此，拍摄雨景时，要进行正确的测光，控制好曝光才能获得雅致、朦胧的效果。

拍摄雨景时，一般可以将正常曝光量减少一档至一档半，即采用减少曝光的方法来控制曝光，从而提高画面的反差。雨天拍摄常常会出现曝光过度的情况，尤其是在深色环境中，容易使雨景中的水珠、水滴和水迹等几乎透明的物体丧失水的质感。雨天景物的反差会很小，然而曝光过度会使反差更小，拍出的画面也就灰蒙蒙一片。所以，控制曝光对于雨景拍摄来说非常重要。

由于雨水的反光，远处景物影像朦胧。整个画面的景物色调浓淡有致，别有一番韵味

快门速度：1/250s
光圈：f5
ISO：100
曝光补偿：-0.7

拍摄雨景时，不同的快门速度会拍摄出不同的效果。如果想要追求雨水凝固的效果，可以将快门速度调高，使画面中的雨水形成一个个的小点；而过慢的快门速度，则会将雨水拉成长条。一般情况下，快门速度设置为1/30s～1/60s为最佳，不高不低的快门速度，可以表现出雨水降落时的动感。

拍摄雨景时，不能让雨滴离镜头过近，不然一滴很小的雨点也会遮住远处的景物。另外，在拍摄过程中要注意保护相机不被淋雨。

快门速度：1/60s　光圈：f5.6
ISO：100　曝光补偿：-0.7

■ 适中的快门速度拍摄出的效果

教你一招

拍摄雨景的技巧
拍摄雨景的技巧有如下几点。

技巧1：使用深色的景物做拍摄背景，才能把明亮的雨丝凸显出来。

技巧2：可以尝试将雨点落在水面溅起的一层层涟漪为拍摄点。

技巧3：在室外玻璃窗上涂上薄薄的一层油，水珠会很容易挂在玻璃上，此时在室内透过窗户拍摄室外雨景，更能渲染出雨天的气氛。

技巧4：拍摄雨天夜景时，灯光的反射以及地上水面的倒影，会使画面显得更生动。

6.2.6 拍摄海景

海景拍摄非常有讲究，拍摄者不仅要了解拍摄点的潮起潮落情况，还需要在构图上下功夫，才能拍摄出吸引人的海景照片。比如，采用水平线构图拍摄出的海景照片，容易给人一种清爽的感觉，不易使观赏者产生视觉疲劳。

快门速度：1/250s　　光圈：f2.7
ISO：100　　　　　焦距：6mm

■ 水平构图的同时要避免单独表现海面或天空

光线可以带来不同感觉的海景画面。通过前面知识的学习，不难想到在日出和日落的时候，整体色调会偏暗，会带来更加温暖的感觉。

■ 光线通常都会带来非一般的感觉，如画面中拍摄了部分岛屿，还会带来剪影效果

快门速度：1/200s
光圈：f9
ISO：400
焦距：28mm

说起海景，不少人会马上想起汹涌澎湃的海浪画面。不错，这正是摄影者拍摄海景时必不可少的主题。

要想拍摄出波涛汹涌的画面，摄影者首先需要了解拍摄点的天气，然后在准确的时间找准最合适的拍摄位置，等待海浪翻滚而来，尤其是激起朵朵浪花时，使用高速快门对浪花进行拍摄。

快门速度：1/100s　光圈：f6.3
ISO：100　焦距：18mm

■ 撞击在礁石上激起的朵朵浪花

6.2.7　拍摄雪景

白雪亮度极高，反光极强，与暗处的景物相比，反差对比非常强烈。拍摄时，画面的影纹和层次会受到反差对比的影响而有所损失。拍出的照片会因为白雪曝光过度而显得一片惨白，如果暗处景物曝光不足，还会导致没有影纹。所以，拍雪景时需要注意的问题非常多，既要反映出雪的特点，又要顾及雪与其他景物之间的反差问题。

拍摄雪景一般多采用侧光、逆光或45°逆光，而不采用阴天的散漫光或顺光，因为这种光线不利于表现雪的质感。使用侧光或逆光时，阴暗部分可用闪光灯、反光板或周围环境中的白色反射物进行补光。

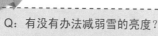
被雪覆盖的汽车

快门速度：1/125s	光圈：f4
ISO：80	焦距：4mm

新手解惑

Q：有没有办法减弱雪的亮度？

A：雪的亮度极高，在很大程度上增加了拍摄难度。在拍摄时，可通过滤光镜来减弱雪的亮度。通常，除蓝色滤光镜外，其他颜色的滤光镜都可以吸收蓝色和紫色短波光。

使用黄色、橙色、红色滤光镜，会使天空的色调过暗；而使用偏振镜，可以吸收雪地反射的偏振光，降低雪的亮度，特别适用于拍摄彩色照片。使用偏振镜不但不会影响原景物的颜色，还可以使蓝天里的白云更突出，提高色彩的饱和度。

雪景拍摄，应以主体作为曝光的依据。如画面中的主题为人物，那么曝光就应该以人物的亮度为标准。与此同时，也应该适当照顾雪景的曝光量。另外，降低雪与暗处景物的反差，可采用增加曝光的方法来实现。增加曝光量时，一般增加一档到两档，就可以照顾暗处的影纹密度，这种办法可在一定程度上减弱雪景的反差。

| 快门速度：1/250s | 光圈：f5.6 |
| ISO：400 | 焦距：500mm |

■ 鸟是画面中的主体，曝光应以其为标准

教你一招

拍摄雪景的经验

拍摄漫天飞雪的画面，快门速度一般为1/60s，不能太高，否则无法表现出飞舞的雪花形成的一道道线条和雪花飘落的动感。

如果想更好地提高雪景的表现力，可以选择带雪或挂满冰凌的树枝、树干、建筑物等为前景。这些前景不仅能增加空间深度，而且能增强人们对雪景的感受。

6.2.8 拍摄瀑布

瀑布的形态多姿多样，是很好的拍摄题材。姿态各异的瀑布，可以采用的拍摄手段也不尽相同。如使用高速快门，可使飞瀑显得汹涌澎湃，势不可挡；而使用慢速快门，可使飞瀑显得潺潺缓流，轻柔飘逸。

■ 使用慢快门对瀑布摄影的效果

| 快门速度: 60s | 光圈: f2.8 |
| ISO: 100 | 焦距: 12mm |

在晴天拍摄瀑布时，如果想表现瀑布的轻柔姿态，可以在镜头前套用中性灰密度镜或偏振镜，以降低光线的亮度，使曝光趋于正常。在晴天使用该方法的主要原因就是避免摄影者采用较慢速的快门，导致曝光过度的情况发生。当然，即使在使用偏振镜的情况下使用慢速快门曝光，也必须保持照相机的稳定。建议当快门速度低于1/15s时，使用三脚架来固定数码相机，以确保画面的清晰度。

快门速度：5s	光圈：f2.8
ISO：80	焦距：56mm

■ 使用三脚架拍摄瀑布的效果，从中可见三脚架是拍摄瀑布必不可少的器材

6.3 拍摄旅游风光

听了阿伟的讲解，娜娜的信心又回来了，她对阿伟说："其实这次的外出拍摄，也可以算是一次旅行，如果我真的是去旅行，又该怎么拍摄呢？比如一些景点的拍摄？"阿伟告诉娜娜，其实旅游风光的拍摄方法基本一样，只不过细节处略有差异而已。

▌6.3.1 拍摄水乡古镇

外出旅游，很多游客会选择去一些水乡古镇。古镇中黛瓦粉墙、深巷曲径的独特风情，常令许多久居都市的人们向往。然而，摄影师考虑的就是如何来展现古镇中纯净的水、悠然的树以及朴素的民风等特征。

要拍好水乡古镇，在取景上很有讲究，如果取景时保留古镇建筑物特色和水巷，可以构成一幅宁静自然的画面。如对水中倒影的景物取舍有当，使其形成对比，可以体现出古镇的悠久历史；而倒影的虚虚实实，丰富了画面影调层次，可给人一种平和、清幽的感觉。

■ 水巷与倒影的虚实结合，使画面更具有层次感

快门速度：1/60s		光圈：f11	
ISO：100		焦距：38mm	

6.3.2 拍摄火车外的风景

有些摄影者喜欢利用火车来表现不同的主题，而拍摄这类题材也非常有讲究。如果需要拍摄火车窗外的风景，则需要将快门速度调至高速，因为火车行驶的速度较快，对拍摄会造成一定的影响，想要获得清晰的画面，就必须使用高速快门。

快门速度: 1/1250s	光圈: f8
ISO: 200	焦距: 100mm

■ 站在远处拍摄火车外的铁路，表现了人生就像一次旅行的主题

当然，也可以以其他对象为拍摄题材，如火车行驶时的铁路、火车内部的装饰等。

■ 火车窗上的雨滴，加上半虚化的背景，给人一种凄凉的感觉

快门速度: 1/100s	光圈: f2.6
ISO: 40	焦距: 4mm

6.3.3 如何航拍

外出旅游乘坐飞机时，不妨拿出相机来记录那种俯瞰大地的开阔视野。航拍照片通常会给人一种气势磅礴、势不可挡的视觉感觉。

航拍的方法与拍摄其他风光景观的要求相同，同样需要好的天气与光线，才能拍摄到清晰的照片。

| 快门速度：1/20s | 光圈：f25 |
| ISO：100 | 焦距：32mm |

■ 透过飞机窗口拍摄的日本富士山

■ 俯瞰大地

快门速度：1/400s
光圈：f9
ISO：100
焦距：70mm

飞机升空后在云层中飞行，是不是有一种云游仙境的感觉呢？此时不妨拿起手中的相机，拍摄几张地上罕见的云层照。变幻莫测的云朵，总是能组合成各式各样的图案，如看起来像动物等。一旦遇到这样的机会，千万要把握时机，将其记录到相机中。

快门速度：1/3200s　光圈：f5
ISO：100　　　　焦距：52mm

■ 在飞机中拍摄的云层

6.3.4　拍摄景点纪念照

外出旅行的过程中，常常会拍摄许多景点照片留念。拍摄景点纪念照的原因有多种，如想通过旅游景点来表现旅行行程的意义，或通过旅游的日程安排来展示行程等。

旅游景点纪念照的画面中，常常离不开人物与景色的和谐搭配。一般情况下，应将人物放在画面的中间或1/3处，并借助背景来突出主体。除此之外，拍摄时还需要结合环境、光线、人物服饰、人物姿势以及人物表情等因素进行综合考虑。

■ 布达拉宫

快门速度: 1/1200s	光圈: f4.8
ISO: 60	焦距: 10mm

教你一招

拍摄景点纪念照的注意事项

与其他景观照的拍摄一样，拍摄景点纪念照同样需要选景构图、注意用光以及镜头对焦的方法。具体来说，有如下几个注意事项。

注意1: 选景时，背景要简单。

注意2: 构图时，画面要整洁。

注意3: 用光时，尽量避免中午的直射阳光。正午的顶光会对拍摄人物造成较大的影响。

注意4: 拍摄风景时，要特别注意取景与构图，不能胡乱按下快门，将没用的景物拍入画面中。

注意5: 拍摄人物时，要捕捉被摄者的表情，尽量捕捉自然放松的表情。

快门速度：1/1200s　光圈：f4.8
ISO：60　　　　焦距：20mm

■ 在布达拉宫前的朝圣者

6.4　更进一步——自然景观拍摄小妙招

娜娜的运气似乎挺不错，这一路下来遇见不少好景色，娜娜都用心记录了下来。当然，也有错过的。但是幸亏有阿伟在，这让娜娜不再有那么多遗憾。这天，他们又翻看起照片，阿伟将娜娜错过的美好景色一一讲解给娜娜听，并给娜娜补充了一些自然景观的拍摄小妙招。

第1招　大雾天气的拍摄方法

雾是由许多细小的水点形成的，它能反射大量的散射光。距离雾气越远，散射光就越多，远处景物也就越看不清。雾气笼罩下的景物，出现了强烈的空间纵深感，使观赏者能明显地从色调上区分出前景、中景和远景。另一方面，薄雾还能掩盖杂乱无章的背景，提高画面中勾画出的景物的表现力。此外，浓雾时的能见度太低，不宜于拍摄，但是可以使用黄滤光镜或橙滤光镜来减弱浓雾效果。

■ 雾气中的景物给人一种若隐若现的感觉

快门速度: 1/500s	光圈: f10
ISO: 400	焦距: 70mm

第2招 拍摄彩虹的技巧

当阳光穿过雨滴，雨滴就象棱镜一样使光波发生很大的折射，于是就出现了彩虹。在风吹云散之后的湿草地上很容易看到彩虹，其外缘总是红色，而内缘总是紫色。

拍摄彩虹时，要像拍摄日落一样去曝光，这样才能使拍摄到的彩虹色彩饱和。在调整光圈时，如果彩虹后面的天空很暗，就要缩小光圈。加一个偏光镜，也能有效地改善和还原色彩。

不同的镜头能拍摄出不同的彩虹。如果使用的是16mm的镜头，可以拍摄出一个完整的彩虹；而使用200mm的镜头，则可以拍出彩虹的一端与地面垂直相交时的动人景色。

| 快门速度: 30s | 光圈: f11 |
| ISO: 100 | 焦距: 17mm |

■ 全景彩虹

6.5　活 学 活 用

（1）到野外拍摄，并从摄影器材专卖店购买外出拍摄所需的必备器材。

（2）外出拍摄时，使用卡片机与单反相机对同一自然景观进行拍摄，然后对拍摄效果进行比较。

（3）重点练习拍摄日出、山景和瀑布的方法。

第 07 章
人物写真拍摄

娜娜今天特别高兴，因为他们这次旅行途中补充食物的地方是一座美丽的城市。安顿下来后，娜娜和阿伟来到这里最有名的广场，才知道今天是当地一个重要的节日。娜娜拿出相机就对表演节目的人们进行拍摄，就这么玩了一天。晚上，娜娜回到住处，翻看今天拍摄的照片时，才发现拍摄效果并不是很理想，于是便向一旁的阿伟请教。阿伟告诉娜娜，人物摄影是数码摄影的一个大类，想要学好人物摄影，要从头开始。

7.1 人物写真拍摄常识

娜娜知道人物摄影要从头开始学习，看着自己拍摄的人物，娜娜叹了一声气说："阿伟，你还是先教我最基础的吧！"阿伟对娜娜说："以你现在对人物拍摄的认识，还是先从人物拍摄的常识学起吧。"

7.1.1 人像摄影镜头的选择

人像摄影对器材的要求最苛刻的就要算是镜头了，不同的镜头对拍摄出来的人像效果也有影响。

人像摄影需要使用明确的焦距，对大部分摄影师来说，都喜欢使用人像镜头进行拍摄。人像镜头就是指焦距在85mm~100mm的中长焦镜头，使用人像镜头，能使摄影师在一个恰当的范围拍摄出比较自然、真实的人像效果。

快门速度：1/250s 光圈：f5
ISO：100 焦距：85mm

■ 利用85mm定焦镜头拍摄的人物

在选择镜头时，建议摄影者选择一款包含85mm~100mm焦距段的镜头，比如尼康的AF-SVR24-120mmf/3.5-5.6GIF-ED，既满足了对焦距的要求，又不会令摄影师在为选择焦距时感到头痛。

除中长焦镜头外，拍摄人物常使用到的镜头还有广角镜。广角镜头能融入更多的画面，从而烘托气氛、反映环境。

■ 广角镜头拍摄的画面，环境因素更加丰富

快门速度:	1/200s
光圈:	f8
ISO:	200
焦距:	24mm

▌7.1.2 掌握人物与景物之间的关系

在拍摄过程中，摄影者要注意人物与景物的构图搭配关系。如果掌握不好人物与景物之间的关系，拍摄出的照片会出现人物位置不当或者将景物遮挡住的情况，

还会出现过多地表现景物而造成人物不明显的情况，所以在拍摄人物照时，被摄者所在的位置很重要。

■ 在大多数的人物摄影中，都会通过虚化背景来表现人物与背景的关系

快门速度:	1/250s	光圈:	f2
ISO:	200	焦距:	85mm

新手解惑

Q：人物与景物在画面中的位置和比例应该怎么控制呢？

A：主体的人物要在整个照片中至少占据1/5以上，若人物占据比例过小，会导致照片中的景物喧宾夺主。如果拍摄的画面中一定要体现背景中的景物，或者景物比较重要的情况下，景物可以占画面的2/3，而人物约占画面的1/3，反之同理。

人物通常会放置在整张照片的黄金分割点上，这样看起来会使照片变得更加自然，而这一位置也不是一个绝对的值，可以根据实际情况稍作调整。

7.1.3　使用简洁的背景突出主体

与其他类型的摄影一样，人物摄影同样需要在照片中表达出主要对象，对于背景的处理应力求简洁。也就是说，取景时将背景中可有可无的、妨碍主体突出的景省略掉，以使达到画面的简洁精炼，这样才能突出照片中的人物主体。

使背景简洁的方法有很多种，比如选择有颜色的背景、把人物置于花丛或草丛之中、尝试改变拍摄角度（如俯拍以草地做背景、仰拍以天空做背景等）以及使用控制曝光的方法来压暗背景色调来获得简洁的背景。

■ 以简洁的木栅栏作为背景

快门速度：1/200s	光圈：f2.8
ISO：200	焦距：50mm

7.1.4 适当留白

很多摄影爱好者会将适当留白中的"白"字理解为画面中的白色，以为其中没有任何形成的部分。其实，这一理解并不完全正确，"白"字的含义是指画面中除主体实像以外的部分，当然也包括画面中白色的部分。

在画面中适当留白的目的就在于，适当的白画面能与主体相互依存，既可以衬托和说明主体，同时又能强化补充主体的形象。

■ 适当留白与被摄人像相互衬托

快门速度：1/80s	光圈：f4.6
ISO：100	焦距：75mm

7.1.5 寻找拍摄创意

拍摄的创意除了来自摄影师日常的积累外，很多时候还需要结合光线、周围环境以及道具来体现出拍摄的创意。在人像摄影中，拍摄创意非常重要，好的拍摄创意直接决定了一张照片的好坏程度。比如左边的图片，被摄者以树叶的脉络为边缘抠去一块空白，放在眼睛的位置，并使用树叶遮住半边脸。在光线的照射下，形成的画面打破了常规的人物构图。

快门速度：1/80s	光圈：f5
ISO：100	焦距：45mm

以甩动头发牵动
水为创意，不过
拍摄时要提前做
好准备，使用高
速快门才能拍摄
到该类照片

快门速度：1/2500s
光圈：f2.8
ISO：100
焦距：200mm

7.1.6 使用不同光质拍摄人物

对人像摄影来说，最常用的光质主要包括柔光和硬光。不同的光质能表达出不同的人物性格和情感。比如柔光可以突出人物的柔美、皮肤的质感，而硬光则能产生明显的明暗对比。

柔光常用于拍摄女性人物，它不会在被摄人物表面产生明显的光线。环境对光线的散射能使光线变得更加柔和，所以在拍摄时，需要选择合适的拍摄场景。另外，柔光比较适合拍摄中景，因为中景能更加突出皮肤的质感。

■ 柔光更能突出人物皮肤的质感

快门速度：1/200s   光圈：f2.8
ISO：200   焦距：100mm

硬光最大的特点就是能产生明暗阴影，使用硬光表达出来的情感要比其他光线更加强烈、深刻，所以常常用于拍摄男性。拍摄时，拍摄者还可以通过环境来强化造型效果，但是难点就在于如何控制画面明暗的反差和光比。

快门速度：1/160s　光圈：f11
ISO：100　焦距：90mm

■ 硬光表现出来的情感更强烈

▌7.1.7　人物摄影的注意事项

拍摄人像时，需要根据不同模特的特点，选择不同的光线和拍摄角度，以弥补人物缺陷。下面列举了几点注意事项供学习参考。

■ 拍摄脸型胖的人物，面部可略微侧偏，不宜拍摄正面像。利用灯光在脸上产生投影，可以使脸型显得瘦一些。

■ 拍摄眼睛大小不同的人物，可以从稍侧的角度拍摄，并根据镜头近大远小的透视原理，将眼睛较小的一侧靠近照相机，使其稍微大些，以使两只眼睛大小更加接近。

■ 拍摄口型不正的人物，可以从稍侧的角度，运用不同的光线加以弥补。

■ 拍摄鼻子过长的人物，需要放低主光灯和相机位置。使人物的头略微抬起，并从正面拍摄。若拍摄鼻子扁平的人物，则不宜通过侧面拍摄，而应该使用侧光照明，使得鼻子的一侧产生阴影，这样拍摄的鼻子就不会显得扁平。

■ 拍摄脸形瘦削、额头突出和下颚消瘦的人物，应该放低主光灯和相机的位置，从正面拍摄。

■ 拍摄脸上皱纹过多的人物，可放低主光灯，然后运用柔光，从侧方拍摄。

7.2　人物写真实战拍摄

听了阿伟讲的一大堆理论知识，娜娜又开始想摆弄相机了，可是现在已经是晚上了，没办法出去拍摄。阿伟看到跃跃欲试的娜娜，便翻出其他摄影朋友的照片，一边给娜娜看，一边进行讲解。

▌7.2.1　抓住儿童的面部表情

儿童的面部表情非常丰富，想要抓住儿童的面部表情，就需要摄影者具备敏锐的观察力和准确的判断力。

只有抓住了儿童的面部表情，才能拍出美妙的瞬间，还原儿童最天真的一面。在拍摄时，可以创造和谐、宁静或是快乐、活泼的气氛和环境，使孩子们处于最自然的状态，为成功拍摄奠定基础。

■ 适当融入拍摄创意，能拍摄出更优秀的儿童照

快门速度：1/200s
光圈：f5.4
ISO：200
焦距：220mm

由于孩子都比较活泼，在拍摄时不会十分配合。此时，就需要摄影者使用一些道具来吸引孩子的注意力，引导儿童流露出自然的表情，增强画面的生动性。同时还要注意拍摄环境应该舒适，这样才能拍出最真实的画面。

必要时，妈妈可以一同进行拍摄，这样让孩子感到亲切、熟悉，而不再害怕，表情也更自然

快门速度：1/160s	光圈：f5.6
ISO：100	焦距：100mm

7.2.2 拍摄婚庆靓照

一对新人在结婚时，都会拍摄一套婚纱照，而婚纱照最主要的场景就是户外，所以在拍摄时，背景的选择就显得格外重要。

在大多数情况下，摄影的背景都会选择美丽的自然风光，这样不仅更加有意境，还可以作为新人的陪衬。当然，并不是所有的摄影师都会选择自然风景作为背景，一些幽静的建筑、广阔的大海等场景都是摄影师选择的对象。不管选择什么样的背景，都需要注意一点，就是背景不能过于杂乱或抢眼。

快门速度：1/320s　光圈：f3.2
ISO：200　焦距：80mm

快门速度：1/200s　光圈：f5
ISO：100　焦距：32mm

在户外拍摄婚纱照时，所选择的景物需根据人物来决定。一些漂亮的景物与人物结合起来，不一定非常适合拍照，而看似平常的景物，如果从构图上加以控制，拍摄出来的画面也许还会成为不错的照片，而这所有的一切都需要摄影者自己去衡量。

　　有的时候，需要换一种思路去拍摄。平淡也是一种美，但是平淡绝不是乏味。

快门速度：1/100s　　光圈：f4
ISO：400　　　　　焦距：37mm

■ 简洁平淡的背景并不
代表画面呆板乏味

▋7.2.3　使用高调与低调的手法拍摄人物

高调与低调是拍摄人物的两种手法，高调是指画面中除了人物是低色调，其他部分都是高色调，而低调是指画面整体色调比较昏暗，而人物相对较为明亮。

快门速度：1/400s	光圈：f5.6
ISO：80	焦距：55mm

■ 逆光下拍摄的高调照片

高调的画面能给人一种纯净、恬静、明快、自然的感觉。想要拍摄出高调的画面，可以通过使用逆光，只要人物能得到准确的曝光，就能拍摄出高调的照片，如果使用的光线是自然光，那么人物可以靠近窗户边，然后通过调整人物的位置和角度来获得柔和或强烈的光线。

低调的照片能使人物主体的形象深沉、凝重。拍摄时，建议被摄对象穿着深色衣服，在曝光上最好选择主体的最亮点，曝光补偿可以稍微大一点，以保证能够完美展现画面中的细节。

■ 使用顺光表现低调人像，可以适当降低曝光量

快门速度：1/125s	光圈：f11
ISO：100	焦距：75mm

7.2.4 拍摄慈祥的老人

给老年人拍摄照片，不能像要求其他年龄人物那样，摆出优美的姿态。老年人的肢体已不灵活，姿态大都僵硬、笨拙。拍摄时应尽量去表现老人良好的精神状态，去发现老年人情感与姿态的独特之处。

给老年人拍照还要注意不必过多干扰他们，如果过多干扰，反而会使老年人不自在，从而破坏老年人自然的状态和神韵。

在取景方面，不必过于追求全景照片，因为老年人经历过岁月的沧桑，身体已经不具备优美的线条，全景照片往往会缺乏美感。尤其是对于身形不佳的老人，可使用巧取姿势避之。比如，对外形耸肩躬背的老人，可让老人坐在椅子上，以专心做事的姿势，彰显老人的独特气质。

■ 老人祈福的动作，展现了老人
  慈祥、安详的形态

快门速度：1/100s	光圈：f8
ISO：80	焦距：100mm

■ 一对年迈的老夫
妻经历沧桑的岁
月，诠释了相濡
以沫之意

快门速度：1/250s
光圈：f4
ISO：100
焦距：50mm

7.2.5　拍摄集体照

　　集体照的拍摄通常有很多种，习惯上，把4人以上的照片都称为集体照。根据被摄人物的多少，可以将集体照分为小型集体照、中型集体照以及大型集体照。各种类型的集体照拍摄方法都大同小异。

快门速度：1/5s　　光圈：f5
ISO：200　　焦距：24mm

■ 4个人的照片属于小型的集体照，背景
的选取就需要摄影师根据主题而定

拍摄集体照时，如果人物较多，可以通过多排的方式进行站立，不过前后排的梯度要大，以尽量避免前后排遮挡。如果利用大楼前的石阶集体合影，人群站队排列应注意的是，无论人多人少都必须隔一级站队，这样才能避免前排遮挡后排。

快门速度：1/80s	光圈：f6.4
ISO：100	焦距：28mm

■ 分排站立时，要注意不能遮挡

拍摄集体照的注意事项

想要拍摄出好的集体照，需要注意画面布局的合理、充实，前后排无遮挡现象，最前一排与最后一排的人都清晰，不能出现前排头大、后排头小的透视变形情况，不能出现闭眼睛的情况。

7.2.6 拍摄舞台表演照

不管是大型的演唱会、歌剧，还是小型的T台秀，在表演时都非常精彩，这让舞台表演照逐渐成为众多摄影爱好者的拍摄题材。如果摄影者坐在观众席中进行拍摄，会因为各方面的原因影响拍摄，如人物太多，造成画面杂乱。要想拍摄到好的舞台照，就需要找到合适的位置进行拍摄。不过，各种舞台剧都是以观赏为主，摄影者可以提前与工作人员取得联系，在准许的情况下，就能在现场找到最合适的位置进行拍摄。

■ 站在舞台下方，拍摄正在拉小提琴的表演者

快门速度：1/200s
光圈：f2.8
ISO：400
焦距：70mm

当然，拍摄者即使没有站在最合适的位置，也可以通过相机的镜头弥补位置上的不足。进行舞台拍摄最常用的就是180～200mm的长焦镜头，如果能在相机上装上一个300mm的超长焦那就更好了。长焦镜头能够对舞台上的人物进行近景或特写拍摄，不过长焦镜头一般比较沉重，建议携带一个三脚架用于拍摄。

快门速度: 1/600s	光圈: f4.2
ISO: 280	焦距: 66mm

■ 摄影者站在表演大厅二楼，使用长焦镜头拍摄出的照片

7.2.7 拍摄阴天人物照

很多人都不喜欢在阴天拍照，因为阴天的云层沉厚，气候变化迅速，对拍摄者的技术要求比较严格。尤其是在阴天拍摄人物照片，稍不注意就会导致拍摄失败。

其实，在阴天拍摄人物照并不那么困难，如果是光线比较明亮的薄云，阴天恰恰能拍摄出优秀的照片。

■ 阴天的光线比较柔和，拍摄出来的人物也显得更加自然

快门速度: 1/350s	光圈: f4.8
ISO: 800	焦距: 70mm

阴天拍摄的人像一般会比较平淡，许多摄影者都会认为这是光线的原因，可以利用闪光灯进行补光。不错，闪光灯的确是补光的好方法，但是使用闪光灯容易造成人物面部光线生硬，背景昏暗的现象。

所以在阴天光线条件不好的情况下拍摄人物时，可以先尝试不使用闪光灯补光，而通过使用大光圈、延长曝光时间以及调高ISO的方法来弥补曝光不足。使用这些方法主要的目的就是使主体与背景的受光一致，防止产生主体过亮，而背景过暗的情况。

■ 光线差的情况下，可以通过调高ISO并使用大光圈进行拍摄，但右图的ISO值不足

快门速度：1/15s	光圈：f2.8
ISO：200	焦距：50mm

新手解惑

Q：当遇到确实需要补光的情况时应该怎么办呢？

A：当遇到确实需要补光的时候，需要注意以下几点。

注意1：将补光灯的光线通过反光板反射到人物的脸部进行补光。

注意2：使用闪光灯补光，要注意补光强度不能高于现场的光线。

注意3：闪光灯的曝光效果只受光圈控制，恰当运用曝光组合能获得最佳效果。

另外，在阴天拍摄时，要遵循"宁愿稍稍欠曝，千万不要过曝"的原则，一旦曝光过度，照片的层次、色彩将会显得很平淡，同时也会加大后期制作的难度。

▌7.2.8 拍摄人物剪影

　　人物剪影照片的拍摄条件与拍摄其他的剪影照片的条件一样。拍摄人物剪影时，摄影者可以根据情况选取人物侧面的轮廓，因为人物的侧面的轮廓特征会比正面的轮廓特征丰富很多。

　　通过侧面拍出的剪影照可以将被摄人物的人体曲线、鼻子、嘴、眼睛等细节的轮廓清晰地显示出来，从而勾勒出更具美感的画面。

快门速度：1/20s	光圈：f4.5
ISO：800	焦距：18mm

■ 侧身剪影，完美地呈现了人物的轮廓

　　要拍摄出剪影效果，方法非常多，在数码相机的各种模式下都能进行，不过各种模式下的拍摄方法应有所变化。

　　在自动模式下，可以把相机先对着明亮的背景处，并半按下快门自动测光，然后移动相机对准要拍摄的主体取景，最后完全按下快门，这样就可以得到剪影效果。在手动模式下要拍摄出剪影效果，最简单的方法是在自动模式下，半按快门时，记下显示的快门速度和光圈数据参数，并以此为基础进行调整。在自动模式下，当被摄主体太亮时，可以加快按下快门的速度。

快门速度：1/640s　光圈：f5.9
ISO：125　　　　焦距：23mm

■ 在自动模式下拍摄的剪影效果

快门速度：1/1000s　光圈：f5.9
ISO：400　　　　焦距：55mm

■ 参照自动模式下的参数，在手动模式
下拍摄的剪影效果

7.3 更进一步——人像摄影小妙招

通过学习，娜娜觉得人物拍摄最大的问题就是光线对人物的照射产生的人物缺陷处理以及被摄人物的POSE该怎么摆。针对娜娜的问题，阿伟做出了解释。

第1招　掩饰人物缺点的方法

拍摄人像常常会因为被摄人物的面部特征以及环境因素的影响，而产生许多的缺陷。在下面的表格中，列举了一些常见的处理方法，以供学习参考。

掩饰人物缺点的方法

状　　况	处 理 方 法
前额明显	抬高下巴；降低相机高度
鼻子比较长	抬高下巴、使脸正对相机，降低主光源和相机的高度
下巴窄（尖）	抬高下巴
秃头	降低相机高度、对头部适当遮光，使头顶与背景色调混在一起
鼻子的棱角明显	脸正对相机
宽脸	升高相机高度，转动45°，用光拍摄3/4脸
瘦脸	降低主光源高度，用光将脸显得宽一些
体型笨重	穿深色衣服、使肩膀和身体渐渐变暗，与背景色调混在一起
脸上有皱纹	用扩散光（软调光）、降低主光源高度拍摄被摄人物3/4的脸
双下巴	升高主光源高度、抬高下巴、升高相机高度
脸上有伤疤等	将其置于阴影面
耳朵很明显	把离相机较远的耳朵藏在头后，并把靠近相机的耳朵置于阴影中，从侧脸进行拍摄
眼镜	把镜架勾住耳朵的部份稍微往上移，使镜片朝下、把补光侧移一些
眼窝较深	降低主光源高度，并使用弱光源
眼镜比较凸出	被摄人物的眼神向下看

第2招 如何让你的模特摆POSE

在拍摄人物时，通常需要被摄人物摆出一些POSE，来增添画面效果。拍摄人像时，要特别留意被摄对象的各部分的搭配是否合理。下面介绍一些常见的摆POSE的技巧。

■ **头部和身体忌成一条直线**：当身体正面朝向镜头时，头部应稍微向左或是向右转一些；当模特的眼睛正对镜头时，身体转一定的角度，会使画面显得有生气和动势，并能增加立体感。

■ **双臂和双腿忌平行**：无论模特是坐姿或站姿，千万不要让双臂或双腿呈平行状，这样会有僵硬、机械之感，可一曲一直或两者构成一定的角度。

■ **尽量让体型曲线分明**：一般用于女性模特，通过拍摄侧面可达到比较好的曲线效果。

■ **坐姿要正确**：被摄者坐姿时，不要让其像平常一样将整个身体坐进椅子，而应让模特身体向前移，靠近椅边坐着，并保持挺胸收腹。

■ **手姿很重要**：手的位置不同，拍摄出来的效果差别很大，一般手势有3种。

（1）手在嘴旁：这是一个时下比较流行的姿势，在嘴的四周不同的位置有着千差万别的效果。

（2）双手抚摸头部：位置从脸颊到头顶，距离从远到近及交叉，此时还要注意手指的姿势，每一个细节都会影响到画面效果。

（3）单手三角形：通过一只手形成一个三角形的姿势，另外一只手可以转换其他动作加以配合。

7.4 活 学 活 用

（1）使用单反相机通过高调和低调的手法练习拍摄人物。

（2）在逆光条件下练习拍摄人物剪影照片。

（3）让被摄人物摆出不同的姿势，摄影者使用单反相机与卡片相机分别进行拍摄，然后再比较拍摄照片效果的同时，领会姿势对人物摄影的重要性。

☑ 你知道如何表现建筑物的特点吗？

☑ 想知道夜景中的运动轨迹是怎么拍摄的吗？

☑ 想知道天文照是怎么出炉的吗？

第08章
场景拍摄

这天，娜娜一行人来到了另一座都市。他们决定在这里住上几天，好好休整一下。刚落脚，娜娜就拉着阿伟往外跑，阿伟忙不迭地说道："先别着急，刚到这里休息一会吧！"看到娜娜失望的眼神，阿伟忙又解释说："城市虽然繁华，想要拍摄出最佳的照片，光线很重要，你又忘了吗？我们这一出去就要等到晚上再回来，难道你不想学习拍摄夜景的方法了吗？"娜娜听说阿伟要教自己新的东西，于是不再催促阿伟，而是笑嘻嘻地回了房间。

8.1　建筑物拍摄

阿伟告诉娜娜，建筑是许多地方的拍摄亮点，而拍摄建筑物的主要目的是为了展示设计者在建筑规模上和建筑外形结构上的设计，反映建筑风格。如何才能拍好建筑，就要取决于摄影者运用什么手段来表现对象。

8.1.1　仰拍建筑物

增加建筑物气势最有效的方法就是采用仰拍的方式。通常情况下，仰拍的持机角度会造成镜头的透视畸变，在画面中会出现建筑物的左右两边边缘向斜上方汇聚的现象。

快门速度: 1/40s	光圈: f2.8
ISO: 400	焦距: 14mm

■ 用仰拍的角度拍摄的教堂

仰拍建筑物最常用的手法就是斜上仰视，角度的变化直接影响了建筑物近景与远景在画面中的成像，通常会出现近大远小的变形。仰拍可以给建筑物营造出雄伟的气势，摄影者在拍摄时可以合理调整拍摄角度，力求将建筑物的气势做到最足、最大。

| 快门速度: 1/10s | 光圈: f10 |
| ISO: 200 | 焦距: 14mm |

■ 合理的仰拍角度结合简洁的构图，能最大程度彰显建筑气势

8.1.2 俯拍建筑物

拍摄建筑物时，拍摄地点通常会受到建筑的密集排布限制。而仰拍则会造成建筑物发生畸变，要想清晰地表现某一建筑物的造型，就不能使用仰拍的表现手法。此时，摄影者不妨换个角度，使用俯拍的方法从高点进行拍摄。

俯拍是一种用得较少的拍摄手法，它能带领观赏者从另一个奇特的角度去了解该建筑。

快门速度: 1/8000s	光圈: f4.8
ISO: 320	焦距: 20mm

■ 俯拍建筑物往往更有趣，更吸引人

新手解惑

Q: 俯拍建筑物与航拍是一样的吗？

A: 航拍可以使用俯拍的方式进行拍摄，但是对于建筑物拍摄来说，俯拍建筑物不能在航拍那样的高度进行拍摄。俯拍选择的高度决定了是否能够清楚地表现出地面上由近至远的层层建筑群体和建筑环境，而过高的高度则不能表现出建筑物的纵深感。

俯拍建筑物时，还可以通过构图，在画面中表现出建筑物的线条，来产生不同的艺术效果，如直线具有挺拔感，水平线给人一种平稳、宁静的感觉，垂直线给人一种坚实、有力、高耸的感觉。俯拍建筑物时，可以有效地利用线条的形式美及艺术感染力，来提高画面的整体艺术性。

■ 环绕的曲线给人一种优美、柔和的感觉，并产生很强的造型力

快门速度：1/8000s	光圈：f4.8
ISO：320	焦距：20mm

8.1.3 利用光线美化拍摄

用心观察建筑和建筑环境在各种光线照射下的微妙变化，能够将稍纵即逝的瞬间精确地表现在照片上。光线是一幅好作品必不可少的元素之一，在拍摄建筑物时，光线可以使照片中的建筑和建筑环境更加真实、优美。

理想的光线不但需要摄影者耐心等待，更需要努力去发现并加以利用。光线可以使建筑物充满生气，也可以使其变得平淡乏味，这些都需要摄影者在日常生活中去发现。

| 快门速度: 4.5s | 光圈: f5 |
| ISO: 100 | 焦距: 18mm |

■ 人造光源也能够达到美化建筑物的效果

新手解惑

Q: 在不同的光线下怎么拍摄建筑物呢?

A: 光线的使用非常灵活,拍摄建筑物也不例外,下面列举了几种光线下的拍摄方法。

白天,在绚丽的阳光照耀下拍摄建筑,需要特别注意光照的角度变化。最好利用简洁、鲜明、整齐的阴影作为画面的组成部分。使阳光、建筑物以及阴影三者之间互相补充,形成一幅完美的照片。

户外建筑摄影的主光源是太阳光,随着地点、季节、时间和气候条件的变化,光线的角度、亮度、色彩都会随之改变。摄影者要学会利用光线的变化,来营造画面影调和气氛。

日出和日落时的光线是天空具有戏剧性变化的时刻,此时最适合拍摄建筑逆光照。强光的烘托加上高低起伏的建筑轮廓,将建筑的空间、质感和色彩统统都隐没在阴影之中。拍摄这类作品时,当建筑物群的背面出现引人注目的天空时,一定要抓住机遇,捕捉精彩的瞬间。

▌8.1.4 拍出建筑物的结构美

众多摄影者选择拍摄建筑物的理由是因为建筑物的美吸引住了摄影者的眼球，但另一方面需要摄影者有足够的眼力去发现一个建筑物的美，用相机确定建筑物各个要素的形态和布局，通过在三维空间的有效组合，创作出一个整体来表现出建筑物的结构美。

▌ 从铁路桥下面拍摄的桥梁结构

快门速度: 1/80s	光圈: f11
ISO: 100	焦距: 25mm

一些知名的建筑物本身就是一件艺术品，想要在画面中很好地表达出建筑物的结构美，就需要摄影者充分利用建筑物的特点并通过与摄影者脑海中的拍摄创意相互融合，综合考虑建筑物与周围环境的对应关系，寻找最合适的拍摄方式来展现建筑物的结构美。

除此之外，建筑物的结构美还体现在一些细微的内部结构中，如国家体育场鸟巢中内部支持建筑的坚固骨架，就呈现出了线条感和局部构造的美感。

快门速度: 1/160s   光圈: f7
ISO: 320   焦距: 18mm

■ 钢架结构的铁路桥更具有线条感

8.1.5　在建筑拍摄对称性中取舍

　　建筑物具有整体对称、和谐的特点。在拍摄时，需要摄影者对拍摄的对称性进行取舍。建筑物在画面中如果是对称的图形，难以给观赏者留下深刻的影响，但这种对称的图形却能直观地记录建筑物的表面特征。

　　将建筑物以非对称性表现在画面中，虽然给人的印象深刻，但是容易缺乏严肃的庄重感，所以在对称性的使用问题上，需要摄影者作出适当的取舍。

对称拍摄出的泰姬陵，清晰地呈现了建筑物的表面特征，但缺少了摄影的语言

快门速度：1/170s	光圈：f5.6
ISO：50	焦距：9mm

快门速度：1/640s
光圈：f7.1
ISO：80
焦距：35mm

8.2 夜景拍摄

不知不觉到了晚上，娜娜连忙让阿伟教自己夜景拍摄的要领。阿伟告诉娜娜，夜晚由于光线的原因，在拍摄方法上与白天相比会有很大的不同，下面就详细地讲一讲拍摄各种夜景的方法。

8.2.1 夜景拍摄注意事项

夜景拍摄不同于其他的场景拍摄，需要注意的地方相对较多，下面将对夜景拍摄中需要注意的事项进行讲解。

1. 防止照相机移动

如果夜景照片中产生了重迭现象，就算是极其微小，放大后也会明显地显露出来，而这张照片就成为一幅失败的作品。重迭现象是夜景摄影常常发生的，通常都

是因为在进行长时间曝光时，相机发生了移动而产生的，所以夜间摄影要防止相机移动。使用三脚架时，一定要将三脚架放在平稳牢固的地方，拨动光圈、按快门等一系列操作都要小心。

2. 防止光线直射镜头

在周围环境的灯光比较强烈时，取景要仔细观察，强烈的光亮是否直射镜头，如突然照射过来的汽车大灯、行人的手电筒等强光。当快门开启后，强光直射镜头容易产生光晕，造成拍摄失败。因此，在拍摄过程中，要提防强光的出现，如果是远处光亮，则不会造成太大的影响。

3. 光圈和焦距的使用

夜景拍摄，光圈的运用非常重要。当无法使用相机测定与景物之间的距离时，就可以通过使用较小的光圈增大景深范围的办法来弥补。一般情况下，可将光圈缩

■ 夜间全景效果

| 快门速度：10s | 光圈：f9 |
| ISO：100 | 焦距：18mm |

小到f5.6 ~ f8。如果光线较亮，并且长时间不会减弱，在景物长时间不会有任何变动的情况下，可采用小光圈，将曝光时间延长。如果采用多次曝光，也可根据光的强弱，用光圈来调节曝光度。

新手解惑

Q：夜间拍摄为什么要测定距离呢？

A：测定距离不可忽略，测定好距离能更好地将人物和背景拍摄清楚。如果被摄体是人物，可以选择靠近的灯光等较明亮的东西进行测定。

8.2.2　拍摄都市街景

很多摄影者喜欢通过夜晚展示街景的另一种美，其拍摄方法与其他的场景拍摄相同，不过尤其要注意将曝光量调整至能够体现出大部分背景的曝光值。夜间拍摄最好不要使用自动曝光模式，否则拍摄者在测光上会过于依赖自动曝光模式，导致画面中主体显示过暗等情况发生。拍摄夜间街景最方便的模式就是光圈优先模式。

| 快门速度: 30s | 光圈: f22 |
| ISO: 100 | 焦距: 10mm |

■ 钢架结构的铁路桥更具有线条感

快门速度：1s　　光圈：f5.8
ISO：100　　焦距：35mm

香港中环夜景

8.2.3 拍摄烟花

烟花对人们来说并不陌生,点燃烟花的快感,加上烟花绽开的美丽瞬间,使烟光成为了众多摄影者喜爱的拍摄题材。美好的景物总是稍纵即逝,想要留住烟花的精彩瞬间也并非一件容易的事,一不小心,画面中很容易出现欠缺造型或是画面粗糙的情况。

烟花可谓是比较难拍的一类对象,烟花的动态属性决定了必须考虑曝光时间的问题。再加上周围环境、天气等因素,都会对照片的可观性造成影响。

| 快门速度: 13s | 光圈: f9 |
| ISO: 100 | 焦距: 22mm |

■ 灿烂绚丽的烟花,将城市装扮得更漂亮

拍摄烟花最好选择高点为取景点,取景时建议在画面下方拍入适当的建筑物,使画面更生动,然后将取景器中其余的空白留给烟花估计会出现的位置,但要避免正中构图。此外,可以适当根据风向给烟花的朝向多留一点空间。等待烟花燃放,看到火光冲天时,按下快门按钮(有条件的情况,可以连接快门线),待烟花即将燃尽时松开快门按钮,结束曝光,完成拍摄。

快门速度: 6s　　光圈: f3.2
ISO: 100　　　　焦距: 8mm

■ 竖幅画面更能表现出烟花绽放的过程

新手解惑

Q：拍摄烟花的最佳时机是什么时候？

A：烟花从升起到爆炸，再到消失，所需要的时间一般为5～6s，而烟花最美丽的时间应该是前2～3s之间。不过，要在烟花上升时打开快门，然后在烟花消失前关上快门，才能拍摄到最佳的效果。如果觉得烟花绽放时会因为手忙脚乱影响按快门的时间，可以用黑色物体遮住镜头，如黑色的卡纸，然后在烟花绽放前就按下快门，在即将绽放的瞬间拿开黑色的卡纸，以此来避免因手忙脚乱影响按动快门按钮。

8.2.4 拍摄夜间车流的轨迹

夜色下的汽车，在不少摄影者手中都能将其描绘成一条条轨迹，从而吸引观赏者的视线。车流的唯美线条是夜景所独有的，在拍摄车流轨迹时，曝光时间长达几秒到几十秒，所以同样需要三脚架的辅助。除此之外，拍摄点的选择也有讲究，一般都选择在高大建筑物上或者在人行天桥上进行拍摄。

| 快门速度：30s | 光圈：f12 |
| ISO：100 | 焦距：12mm |

■ 在人行天桥上拍摄的车流轨迹

■ 车流的轨迹也会给构图增色不少

快门速度：20s	光圈：f10
ISO：100	焦距：17mm

教你一招

拍摄车流轨迹的注意事项

拍摄车流轨迹需要注意的事项有很多，如果太过大意将会导致拍摄失败。

注意1: 要长时间曝光，就必须使用三脚架来固定相机，才能保证车灯在画面中划出一道道轨迹。

注意2: 将ISO调低一些，主要目的是为了防止建筑灯光导致曝光过度，一般为80左右，光圈也要调到相对较小，如f11，这样才能达到可以长时间曝光的目的。

注意3: 对拍摄点的选择，要注意观察环境的影响，比如在天桥上拍摄，如果过往的人比较多，即使使用了三角架固定相机，同样会因为人来人往造成相机晃动，从而影响拍摄效果。

8.2.5 将火焰拍摄得更加生动

火焰拍摄的方法没有什么特别之处，与拍摄烟花相比，同样需要注意防止相机抖动。除此之外，拍摄火焰对焦距、光圈、对焦距离与ISO等参数的设置并没有固定的值，可以根据实际情况进行设置，不过建议采用广角镜头，光圈使用f5~f16的小光圈，ISO一般设置为100，这样拍摄出的画面会比较干净。

拍摄火焰的另一个难点是不断变化的焰火会给相机对焦带来很大的难度，如果采用自动对焦的方法进行，并不是明智的选择。在可能的情况下，可以利用超焦距来完成拍摄，或者在确定拍摄点的情况下，将镜头对焦距离提前设置好。

快门速度：5s　　光圈：f5
ISO：100　　　焦距：6mm

■ 篝火晚会现场

蜡烛、油灯、火柴等火焰的颜色都是金黄色，其一般色温在1500～2000K之间，色温相对较低，这使它成为了许多摄影者的拍摄题材。

火焰光线常常会随风轻微摇曳，那么如何才能将火焰拍摄得更加生动呢？其实方法非常简单，当火焰随风摇曳时，色温也会发生相应的变化。如果想在画面中将火焰集为一体，就可以使用慢快门进行拍摄，但是快门的速度又不同于拍摄篝火等大型火焰用到的慢快门速度，相反，快速快门则可抓拍到摇曳的瞬间。

■ 火柴点燃的瞬
间特写，快门
不能太慢

快门速度：1/30s
光圈：f8
ISO：100
焦距：5mm

如果觉得拍摄一只单独的火焰比较单调，不妨试一试拍摄一堆蜡烛产生的火焰，这种场景不但可以产生独特的柔和光芒，火焰颜色的效果还会更加饱满。

■ 控制景深能更
好地展现出火
焰的魅力

快门速度：1s
光圈：f5.6
ISO：100
焦距：10mm

8.2.6　使用望远镜拍摄星空

夜景拍摄还有一个比较有趣的拍摄题材，那就是拍摄星空。普通的单反相机镜头的焦距一般在200mm以内，而天上的星星离我们非常遥远，如果想要拍摄到清晰可见的星星、月亮，就需要借助天文望远镜进行。

普通相机拍摄的星空，星体在画面中占据的比例非常小，而天文望远镜的物镜焦距很长，使用天文望远镜可以获得较大的变焦倍数，拍摄的星体占据画面的比例不但大，而且非常清晰，非常适合拍摄月亮等深空天体。在选择天文望远镜时，常见的变焦范围在700～1000mm之间，在这个范围就能够满足大部分的拍摄需求。

虽然使用天文望远镜能拍摄出更清晰的画面，但是使用普通相机不借助天文望远镜的力量同样可以拍摄出好看的画面，不能一概而论哪一种方式更适合拍摄夜晚的星空。

| 快门速度：3s | 光圈：f5.6 |
| ISO：200 | 焦距：200mm |

■ 数码相机拍摄的星空非常广阔

快门速度: 1/8s   光圈: f8
ISO: 400   焦距: 1000mm

█ 利用天文望远镜的优势，给月亮进行特写

新手解惑

Q：天文望远镜要怎么才能安装在单反相机上呢？

A：天文望远镜属于附加设施，需要摄影者自行购买，进行安装。安装时，首先需要卸下单反相机的镜头，再将相机的专用卡口安装在相机上（不同的单反相机需要选择不同的卡口），然后安装望远镜的专用套筒，这一步是连接望远镜的必备操作，如果加长型的套筒不方便对焦，可以选择安装短一点的套筒。安装好卡口和套筒后，就可以将相机插入到天文望远镜的目镜端，固定好后即可进行调焦拍照。

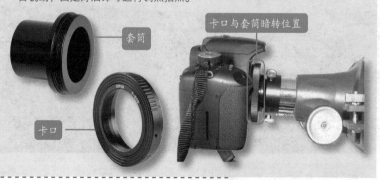

套筒

卡口与套筒暗转位置

卡口

8.2.7　拍摄星星的轨迹

　　在夜间拍摄星星的轨迹与拍摄车流的轨迹原理相同，但星星的距离遥远，要想拍摄出轨迹，需要的曝光时间要比拍摄车流的时间长许多。一般需要10分钟以上的曝光时间，才能拍摄出星星的运动轨迹。

快门速度：639s	光圈：f5
ISO：100	焦距：18mm

■ 长时间的曝光，使画面呈现流星雨的感觉

当星星的轨迹角度约为10°时，拍摄的画面中会给人相当不错的运动印象。拍摄的曝光时间越长，在画面中留下的轨迹也就越长。一些摄影者为了增加画面的流线量，曝光时间会长达数小时。此外，曝光时间越长，轨迹呈现的弧线效果越明显，靠近南极和北极的轨迹距离会相应缩短，而接近天空赤道附近的星星，其运动轨迹会越长。

■ 长达1小时的曝光，记录星星的运动轨迹

快门速度：3600s	光圈：f2.8
ISO：200	焦距：11mm

教你一招

拍摄星星轨迹的技巧

下面介绍拍摄星星轨迹的几点技巧。

技巧1：使用大光圈，光圈越大，拍摄的星星越多、越亮，如f2.8。

技巧2：相同曝光时间下，焦距越长，拍摄的轨迹越粗。

技巧3：必须使用三脚架与快门线，并且在拍摄时将M档和B门结合起来拍摄。

技巧4：开启相机的降噪功能，减少后期处理照片的难度。

8.2.8 拍摄夜间动态虚影

动态虚影主要针对的是街上行走的人物，利用慢快门使画面中的行人呈现出透明的虚影效果。很多人在拍摄夜景时，都喜欢避开人群进行拍摄，特别是在拍摄夜间城市风貌时更是如此。其实，将人物摄入画面也可以增强画面的动力，表现出城市的活力，如能拍摄出虚影效果，更能为画面增色不少。

快门速度: 2s	光圈: f10
ISO: 80	焦距: 6.8mm

■ 动感模糊的人群，为照片增色不少

要展示出自己的创意，照片题材越丰富越好。在拍摄一些照片时，可以通过改变拍摄思路或者其他办法，使拍摄出的照片更有魅力。有时，由于照相机的快门速度和被摄物的运动速度没把握好，动态虚影会出现表现过分，而导致清晰的部分变成模糊一片的情况。

■ 清晰与动感模糊相结合，配合剪影效果，也是一种很好的表现手法

快门速度: 1s	光圈: f5.8
ISO: 100	焦距: 10mm

8.3 更进一步——场景拍摄小妙招

学习的时间总是过得这么快，眼看就要到深夜11点了。虽然娜娜不想结束美好的夜晚学习，但还是很无奈地要跟阿伟回酒店休息。阿伟看着娜娜一脸意犹未尽的样子，在回酒店的路上又给娜娜讲了起来。

第1招 利用湖光水镜拍摄建筑物

有意义的画面元素通常都需要摄影者自己去寻找，以达到最好的拍摄效果。这里就说说利用湖光水镜的方法来拍摄建筑物所带来的乐趣。

其实，利用湖光水镜拍摄建筑物的方法就是利用湖水表面反光形成倒影的原理，使画面中的主体与倒影相互照应，从而增强画面的吸引力。

快门速度：1/1000s　光圈：f8
ISO：100　　　　焦距：20mm

■ 主体与倒影完整地摄入画面，给人最直接的视觉感受

新手解惑

Q：对新手来说，采用水面拍摄需要注意什么呢？

A：由于水面具有一定的反光性，会导致水面光线较为复杂。在拍摄时，要使用正确的方式来获得最准确的测光。在选择水面时，尽量选择一些水面平静的地方拍摄。

第2招 善于运用黑白照表现摄影艺术

拍摄彩色照片要比拍摄黑白照片容易得多，在取景器中看到的被摄对象很直观地展现了被摄对象的色彩。而完美的黑白摄影要远比彩色摄影更富于解释性和微妙感。正是由于这一原因，黑白摄影也成为了不少摄影者的艺术表现方法。不管是卡片相机还是单反相机，都可以使用相机的黑白模式进行拍摄。

快门速度：1/250s　光圈：f8
ISO：100　焦距：18mm

■ 黑白照片在增强艺术效果的同时，还带来一种复古的感觉

快门速度：1/500s　　光圈：f5.6
ISO：80　　　　　　焦距：35mm

■ 一场激烈的比赛在黑白照的作用下，带给人更加强烈的追逐感

8.4　活 学 活 用

（1）使用卡片相机与单反相机在同一条件下拍摄同一建筑物，从中领悟拍摄建筑物的参数设置与拍摄技法。

（2）在夜间的街道中，使用单反相机拍摄出各种运动物体的轨迹效果。

（3）使用单反相机，在夜间的走廊中练习拍摄出人物动态虚影效果。

（4）使用相机的黑白模式，拍摄一些有纪念意义的照片。

☑ 想知道怎样才能拍摄出好的动物照吗？

☑ 你拍摄的美食能勾起别人的食欲吗？

☑ 你对动态物体与静物的拍摄知道多少呢？

第09章
其他拍摄

　　旅行到了这里，已经接近尾声，眼看还有一两天就要起程回家了，娜娜很有成就感。这天，阿伟来到娜娜的房间，看见她正在陶醉地欣赏着自己一路以来拍摄的精彩画面，虽然不忍心打扰她，但是阿伟想，还是在这最后的几天里再教娜娜一些摄影技巧吧！于是叫醒了自我陶醉的娜娜。娜娜明白了阿伟的来意，非常高兴，拿着数码相机就同阿伟出门了。

9.1 动植物拍摄

对娜娜来说，拍摄动、植物是她的弱项，所以和阿伟出来的首要任务就是要学习动植物的拍摄。确定了目标，阿伟便决定带娜娜去动物园中进行拍摄，而且可以在沿途拍摄一些植物照片，到了动物园，还可以拍摄各种各样的动物。

9.1.1 不同镜头的使用

在动植物拍摄中，不同镜头的运用可以获得不同的拍摄效果。其中，最常用的镜头就是长焦镜头与微距镜头。

在拍摄之前，先确定好所要表现的对象和背景，然后再选择合适的镜头。如果需要虚化背景，可以使用长焦镜头，将杂乱的元素过滤在景深范围之外，更好地突出主体。而背景虚化的程度则需要摄影者自行判断。

| 快门速度：1/250s | 光圈：f5.6 |
| ISO：100 | 焦距：35mm |

■ 突出主体，合理地将背景虚化

如果摄影者需要对被摄物体进行特写，那么就可以使用专门的微距镜头进行拍摄，将被摄体以1:1的比例呈现在画面中，给观察者一种更真实的感觉。当然，在没有微距镜头的情况下，利用单反相机自身的微距拍摄功能也能进行特写拍摄，而一些长焦镜头也具有微距拍摄的功能。

快门速度: 1/125s　　光圈: f5.6
ISO: 100　　　　　焦距: 100mm

■ 微距镜头拍摄的花卉

9.1.2 获取拍摄花卉的纯色背景

在拍摄花卉时，杂乱的背景是摄影者最头痛的事。虽然可以使用虚化背景的方法来解决这一问题，但是在一些特殊的拍摄中，摄影者心目中最理想的背景就是干净或者单一的背景，如黑色背景与白色背景。

其实，想要获得黑色的背景很简单。当摄影者选择好拍摄角度后，再将黑色的纸板放在花卉后面，这样就能获得黑色的背景。不过，在将黑色纸板放在花卉后面时，要注意花卉应与黑色背景保持一定的距离，这样才能突出主体。

快门速度：1/80s　　光圈：f6.3
ISO：100　　焦距：90mm

■黑色背景加上一缕青烟，给花卉增添了几分神秘感

同理，如果需要其他颜色的纯色背景，在花卉后面放上相应颜色的纸板即可。不过，作为背景的纯色纸板不能有明显的折痕，否则会因为光线的原因影响拍摄效果。

在使用白色纸板作为背景时，会发现拍摄出来的背景偏向灰色。遇到这种情况时，可以使用另外一块白色的反光板将自然光线反射到背景白色纸板上，以避免该情况的发生。

■ 放在白色纸板
上拍摄的花卉

快门速度：1/325s
光圈：f5.6
ISO：64
焦距：98mm

教你一招

获取纯色背景的其他方法

除了前面讲解的方法外，还可以通过自然条件下的纯色作为背景来拍摄照片，如借助天空，可以获得蓝色或白色的背景效果，在逆光下也可以获取白色的背景照片。除此之外，摄影者还可以在生活中再发现一些获取纯色背景的方法。

■ 以天空作为背
景的纯色背景
照片

快门速度：1/80s
光圈：f10
ISO：80
焦距：55mm

9.1.3 拍摄落叶

　　秋天的落叶，给人一种凄凉的感觉。不少摄影者在拍摄落叶时，会降低相机的位置或使用其他方法采用较低的角度进行拍摄。因为低角度不仅可以描绘出落叶在地面上的痕迹，还可以使画面更富有远近感。

快门速度：1/125s　光圈：f5.3
ISO：100　　　　焦距：45mm

■ 低角度拍摄的落叶画面

教你一招

拍摄出曲径通幽的效果

　　一提到拍摄落叶，很多人都会想象出曲径通幽的画面，而这种画面绝不是使用低角度就能拍摄出来的。通常情况下，选择广角镜头与小光圈配合使用，能够为拍摄画面整体带来曲径通幽的感觉。

　　拍摄落叶，表现出主体的载体也很重要，不同的载体能表现出不同的画面效果。画面中的主体表现得当，会增强画面整体的内容性；而画面中的载体使用不当，则会使画面整体显得单调。右图以地面为载体，并采用高角度进行拍摄，感觉整个画面非常生硬，而下图也是以地面为载体，但是地面的轮廓与痕迹加上光线的运用，使画面效果远远高于右图。

■ 高角度拍摄的落叶画面

快门速度：1/125s	光圈：f5.3
ISO：100	焦距：45mm

■ 以曲折的路面为载体，使画面更加生动活泼

快门速度：1/125s	光圈：f5.3
ISO：100	焦距：45mm

快门速度: 1/250s　　光圈: f6.3
ISO: 100　　　　焦距: 35mm

■ 拍摄落叶的同时,将周边的环境融入
画面, 能增加画面的内容和色彩

▌9.1.4 拍摄昆虫

　　拍摄昆虫可以找回许多童年时代的记忆。拍摄昆虫属于生态摄影，需要摄影者对不同季节昆虫的生活习性有所了解，然后挑选适合的摄影器材，前往昆虫的栖息处进行拍摄。生态摄影与其他摄影有很大的不同，如果不选择时间，莽撞前去拍摄，很有可能一无所获。

　　拍摄昆虫最常用的拍摄手段就是微距拍摄，将昆虫拍得清晰锐利。虽然又大又清晰可能会使得画面没有什么美感，但能从照片中看到昆虫身体上的纹路，会给人一种造化之奇的感觉。

▌微距镜头下的昆虫

| 快门速度: 1/100s | 光圈: f1.6 |
| ISO: 400 | 曝光补偿: -0.7 |

　　微距昆虫摄影非常有趣，拍摄过程中常常能看见像直升机一样的蜻蜓是如何捕食、花丛中穿梭忙碌的蜜蜂是如何采集花粉的，甚至还能看见草丛中浪漫的蝴蝶缠绵追逐的场面。

　　不过，昆虫都有一定的警戒性，所以摄影者一般应与被摄的昆虫保持30～120cm的距离，若是使用携带的相机，最好为10倍以上的变焦相机。

快门速度: 1/2500s 光圈: f3.2
ISO: 200 焦距: 100mm

在花丛中穿梭忙碌采集花粉的蜜蜂

微距摄影昆虫，最好选用既快又准的手动对焦。启动手动对焦，摄影者不需要把镜头和机身上的两个开关都设置到"M"档，只需半按快门不放松，同时手动调节对焦环，当出现清晰的画面时，按下快门即可。

如果使用卡片相机进行拍摄，在没有微距模式自动对焦的情况下，拍摄时不要离得太近，其余的操作与单反相机的操作相同，半按拍照键就可以轻松对焦。

快门速度：1/320s
光圈：f9
ISO：400
焦距：200mm

■ 在昆虫采花、觅食等专注时刻，进行拍照最有利

快门速度：1/200s
光圈：f9
ISO：400
焦距：200mm

拍摄昆虫可以俯拍或仰拍，但不能过分呆板地把昆虫放置在画面中央。拍摄时，可以利用昆虫的形体细节制造有趣的构图方式，而且可以使用花瓣为背景，然后以俯拍来避免背景沉闷。需要注意的是，如果背景选择的色彩太接近，就很难分辨出昆虫的形态。

当所有的工作都准备就绪后，拍摄昆虫还需要的就是耐心和运气，如果花了半天时间却一无所获时，不要气馁，继续耐心地等待拍摄时机就是了。

快门速度: 1/200s	光圈: f11
ISO: 800	焦距: 180mm

■ 即将起飞的蜻蜓

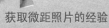

获取微距照片的经验

清晰锐利、画质细腻是微距作品的一大特色，下面介绍几点经验。

经验1: 尽量使用f6.3以下的光圈，如f8、f16等。因为f6.3以下F光圈的解析力开始上升，而从f6.3以上，光圈的解析力就开始不尽如人意。

经验2: 慢速快门能使照片获得更好的环境光，画质更加细腻。

经验3: 尽量一次完成拍摄，不要轻易大幅度地剪裁。如果要进行裁剪，不要大于原照片的1/3，否则画质会受到严重的损害。

9.1.5 拍摄动物

不同的动物需要摄影者采取不同的拍摄方式。动物的性情多种多样，有的凶猛残暴，有的却善良可爱，所以在拍摄时一定要把握好动物各自的习性。对于体积较小的动物，有的时候需要尽量靠近它们，这时可以使用一个微距镜头来拍摄。而对于那些体积比较庞大又很凶猛的动物，最好选择一个长焦镜头，并保持一个安全的拍摄距离。

拍摄动物不一定非得去野外进行，在动物园里也可以拍摄到动物的一切表情，只是拍摄时需要摄影者多花些心思，使画面中的动物不像是被关在笼子里。如果摄影者所去的动物园提供了模拟动物原始生活的环境，这样更适合拍摄。宽阔的生活空间能使动物不受很多人为因素的限制，有利于捕捉动物的各种表情和情绪的变化。在这种动物园中进行拍摄，不但保障了摄影者的安全，而且拍摄出来的照片完全看不出是在动物园里拍摄的。

■ 老虎舔爪子时的憨相

快门速度：1/500s
光圈：f11
ISO：400
焦距：300mm

有时，在动物园拍摄也会拍摄失败。所以，可以常去动物园里练习拍摄，以便取得更多的经验。如果摄影者平时练习的时间大多数都在星期六或星期天，那么建议最好早晨去拍照，因为到了下午参观的人会越来越多，可能会影响到拍摄效果。动物园室内拍摄，最好的时间是十月至四月。在冬季拍摄动物时，借助于雪和冰冻的小溪，也可以拍出美妙的照片。

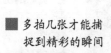
■ 多拍几张才能捕捉到精彩的瞬间

快门速度：1/1500s
光圈：f5.6
ISO：200
焦距：200mm

快门速度：1/2000s　光圈：f5.6
ISO：200　　　　　焦距：300mm

■ 失败的照片通过裁剪可以变成一张好的照片

拍摄动物与拍摄昆虫一样需要耐心和运气。当发现一只动物的时候，相机的镜头通常会随着动物的移动而移动，此时就需要耐心一点，抓住时机进行拍摄。运气也非常重要，有时运气不好，再怎么努力也是白费力气。

■ 窜到镜头前的松鼠

快门速度：1/60s	光圈：f2.8
ISO：125	焦距：6mm

教你一招

拍摄笼中动物时的注意事项

在动物园中拍摄动物时，往往会因为笼子而影响拍摄，想要不受笼子的影响，需要注意以下几个问题。

注意1：防止笼子上的材料反射光线，可站在适当位置用身体来消除反射。

注意2：避免笼子上的手指印、灰尘、水滴和抓痕。

注意3：使用闪光灯进行拍摄时，不宜与笼子平行拍摄，而应从一定角度使用闪光灯。

9.1.6 拍摄宠物

很多人都喜欢饲养宠物，并且喜欢拿着相机去拍摄宠物可爱有趣的一面。不过，这些小动物是公认最难拍摄的题材之一，如果对拍摄技巧没有概念，很容易拍摄失败。

宠物的身材、大小、颜色各不一样，在选择拍摄背景时，应选择与宠物颜色有一定反差的背景。如浅色的宠物放在深色的背景里面，或者反之。当然，背景的筛选条件并不是固定不变的，需要根据现场的光线、氛围以及摄影者个人的喜好来选择。

如果需要在背景的景深上进行控制，突出宠物而忽略周围的环境，可以使用长焦加大光圈来充分虚化背景。如果需要交代清楚宠物所处的环境，可以使用焦距稍短的镜头，并使用小光圈或者与宠物拉开一段距离进行拍摄，达到拍摄出清晰背景的效果。

快门速度：1/1000s	光圈：f6
ISO：100	焦距：135mm

■ 浅色的宠物配合深色的背景

■ 站立的小猫

快门速度: 1/2000s	光圈: f2.2
ISO: 100	焦距: 135mm

　　无论拍摄什么宠物，都可以通过引导，使动物做出一些有趣的动作。如拿出宠物喜欢的食物，会使宠物舔舌头。还可以引导宠物作出翻转、奔跑、跳栏、站立等有趣的动作，但这些引导的动作通常需要宠物的主人来引导才行。

■ 只有主人才能引导宠物做出翻越的动作

快门速度: 1/1600s
光圈: f2
ISO: 100
焦距: 35mm

另外，摄影者不妨换个角度来进行拍摄。比如宠物抬头看主人时，利用俯拍进行拍摄，会产生头大脚小的动漫效果。如果采用黑白模式拍摄宠物，再配合构图，拍出来的图片往往会有另一番风味。所以，摄影者不妨用发散的思维来进行拍摄。

■ 头大脚小的动漫效果

快门速度：1/100s
光圈：f6.3
ISO：400
焦距：10mm

快门速度：1/100s　　光圈：f5.6
ISO：100　　　　　　焦距：70mm

■ 黑白模式下拍摄的狗狗，给人一种忧伤凄凉的感觉

▌9.1.7 拍摄水中的鱼类

提到拍摄水中的鱼类，很多人都会想到穿着潜水服到海底去拍摄的场景。其实不然，拍摄水下的照片，并非一定要到水中才能进行。家中的鱼缸和海洋世界都能拍出理想的鱼类照片。

虽然拍摄场所容易找到，但想要拍出精美的鱼类照片却并非易事。鱼类摄影是非常具有挑战性的题材，通常都会要求摄影者具有一定的水族鱼类知识，而且还要求摄影者能熟练掌握摄影器材使用方法和拍摄技巧。

■ 在海洋馆中拍摄的鱼类

快门速度：1/250s　光圈：f9
ISO：100　　　　焦距：24mm

不管是拍摄海洋馆中的鱼还是在鱼缸中的鱼，都会因为水下环境与大气层的不同，使光线进入水中后发生折射现象，再加上水的透光率比空气低很多倍，因此拍摄起来非常的困难。

在拍摄鱼缸中的鱼类时，最好采用手动对焦模式。不同的鱼类在鱼缸中的游动速度会有所不同，所以对快门速度的调整要根据鱼缸中鱼类游动的速度来确定。一般情况，1/60s～1/125s之间的快门速度可以满足大部分的拍摄需求。

快门速度: 1/100s　光圈: f6.3
ISO: 640　　焦距: 100mm

■ 鱼缸中的金鱼

Q: 鱼缸在自然光线下该怎么拍摄呢？

A: 在自然光下拍出来的照片效果往往会更好，不过需要注意以下问题。

注意1: 除鱼缸外，摄影者和相机应全部在半暗的室内操作，执行操作的一些设备应以深色为主，这样才能防止鱼缸玻璃反光。

注意2: 如拍的种类很多，可以花些时间和精力去布置不同的景观。

注意3: 鱼缸中的水质必须清彻透明，始终保持较高的清晰度，必要时可以储存大量优质水来更换。

注意4: 摄影者在拍摄时，还需注意鱼的健康，所以鱼缸、中转鱼盆等鱼所待的场所的水质和水温要保持基本一致，温差不得大于2°C。

注意5: 可以使用捆上棉花的小棍子，在鱼缸中驱赶鱼儿到鱼缸的中心位置，以便于拍摄。

■ 抓拍鱼缸中鱼的
表情

快门速度：1/250s
光圈：f6.3
ISO：100
焦距：100mm

　　除了可在海洋馆和鱼缸中拍摄鱼类外，还可以在公园的小水池里拍摄鱼类。不过拍摄的难度会比前两个场所的难度更大，因为在小水池中的鱼儿通常会结伴而游，形成鱼群。如果想要拍摄出鱼群全貌的壮观场面，可以借助广角镜头进行拍摄。

快门速度：1/400s　　光圈：f8
ISO：400　　　　焦距：70mm

■ 公园水池中的锦鲤

9.2 美食拍摄

累了大半天，娜娜和阿伟都感觉到饿了，于是他们来到一家特产小吃店。小吃刚刚上桌，娜娜就迫不及待地将筷子伸了过去。阿伟连忙叫住了娜娜，并告诉她，先拍几张再吃吧!

▌9.2.1 美食拍摄的用光技巧

美食摄影意在把美的食物拍得更美。不管是通过简洁素雅还是色彩绚丽来表现美食的诱人，其主要目的就是将美食拍得使人看见就有食欲。

为了使美食能更加诱人，在拍摄时就不得不在光线上下功夫了。美食摄影大多数使用的是逆光，如果使用人造光源，一般前面的灯光要比后面的灯光弱一半，如果周边光线较好，还可以忽略前面的灯光。具体的布光可以参考右图，而布光的原则就是不要让食品、汤水以及油汁将光线反射到镜头中。

快门速度：1/60s　　光圈：f4
ISO：400　　焦距：105mm

■ 薯条、牛排与蔬菜

Q：布光时，半透明的纸与反光板有什么作用？

A：室内布光时，半透明纸主要用于柔化光线，比如在拍摄切开的面包或蛋糕等一些质地粗糙的食物时，就需要用柔和的光线。而反光板则相当于一个辅助光源，主要用于使被摄食物受光均匀。如果对反光的强度要求较大，可以使用人工光源来代替反光板，光源强度还需要根据实际情况进行调节。

摄影布光是一件很麻烦的事情，所以在光线足够好时，应尽量使用自然光进行拍摄。在室外拍摄，太阳就好比一个大的光源，而云就是一个无限大的柔光箱，可以避免过于强硬的太阳光照射在被摄体上造成暗部出现非常硬的阴影。如果在室内拍摄，则可以在晴天光照强度的情况下，选择靠近窗户但阳光又照射不到的位置，然后使用逆光或者侧逆光的手法来表现食物的质感。

■ 在窗边利用自然光线的拍摄效果

快门速度：1/160s	光圈：f18
ISO：100	焦距：105mm

9.2.2 美食的摆放讲究

美食的摆放就如同摄影时的构图，精心细致的摆放不仅更能吸引顾客，而且它也是拍摄出一张好照片的先决条件。

美食的摆放一般都是厨师的事情，但在拍摄时摄影者不妨大胆地对其进行修改，将食物的艺术感与诱惑力完美地呈现在人们面前。

快门速度：1/2s
光圈：f16
ISO：200
焦距：180mm

快门速度：1/25s   光圈：f4
ISO：200   焦距：50mm

■ 精美的摆设使食物更
  加诱人

9.2.3 有意修饰背景

一盘美味的食物被摄入画面，通常会将食物摆放的背景一同摄入画面。否则，单独地将美食表现在画面中，会显得格外单调。为避免单调，摄影者可为美食添加一些点缀，使用一些道具来衬托画面的前景或背景，如放上几瓶红酒、铺上一张桌布、换上精美的盛具等。

精美的摆设加上背景的修饰，使美食就像艺术品

快门速度: 1/180s	光圈: f8
ISO: 100	焦距: 32mm

说到道具，它在修饰背景时确实功不可没，然而这些道具的使用也有很多讲究，不同的菜系、不同的器皿、不同风格的美食都需要使用不同的道具。比如，在修饰川菜时，由于川菜的历史文化比较久远，加上辣椒用料较多，就可以使用一些民俗的道具进行修饰，如仿古布垫、辣椒、面谱等吉祥小挂件等，而不能在川菜旁边放点洋酒或红酒，因为洋酒和红酒一般用于修饰鲍鱼以及牛排等比较西式的美食。

虽说道具的修饰效果很好，但是道具并不是越多越好，通常情况摆放1～2件就可以了。摆放太多，不仅会显得很凌乱，没有主次，而且会造成喧宾夺主的感觉。况且，购买这些精美的道具的开销也不小。另外，在拍摄时，可以拍摄几张特写细节，体现主题质感的同时还能引起观赏者的食欲。

| 快门速度: 1/400s | 光圈: f10 |
| ISO: 100 | 焦距: 50mm |

■ 美味的奶酪加上精心的摆设和精美的修饰，看上去更加美味

9.2.4 使拍摄的美食更诱人

虽然精心的摆放与精致的修饰可以使食品更诱人，但在很多情况下还需要摄影者自己动手对美食进行特殊处理，才能达到诱人的效果。比如，在食物上喷洒或涂上一些特殊液体，来保持食品的色泽、质感和鲜美感。

拍摄水果时，在水果表面涂上一层薄油脂，然后喷上水雾，通过光线的照射，可使其产生晶莹的效果，让人垂涎。

快门速度: 1/200s　光圈: f16
ISO: 100　　　焦距: 105mm

■ 处理后的水果，看上去更有食欲

如今，很多的摄影者都不喜欢将整盘菜全部纳入画面中，而偏向于以放低镜头角度的方法，配合使用稍大的光圈，用浅景深来实现背景虚化的效果，或者使用适当留白，以简洁的画面来表现美食。

就算是在桌布、餐具与菜品之间进行了搭配，在拍摄时也只会将道具的局部摄入画面，如红酒瓶的底部、勺子的部分等。这样既会使道具与美食在色彩上相互辉映，形成强烈对比，又不会喧宾夺主。

除此之外，还可以将食客品尝美食的动作拍摄下来，以动态的表现暗示食品的美味。

快门速度: 1/100s　光圈: f5.6
ISO: .200　焦距: 70mm

■ 挑起面条的动作让人更有食欲

9.3 动态拍摄

吃完饭后，娜娜便看见了关于F1方程式赛车的宣传海报，便问阿伟："在赛场中，高速运动的赛车肯定很难拍吧？"阿伟回答说："这些都属于动态拍摄，下面我就给你具体讲一讲吧！"

9.3.1 拍摄赛场汽车

比赛中的赛车速度非常快，在拍摄时，相机的快门速度也应该随车速的变化而调整，不然拍摄的画面就会一片模糊。除此之外，快门速度的多少还要根据镜头焦距而确定，焦距越长，快门速度越快。通常情况下焦距长一倍，速度也要提升一倍。

■ 时速138km/h的赛车，快门速度应在1/4000s以上

快门速度：
1/4000s
光圈：f8
ISO：800
焦距：75mm

■ 时速64km/h的赛车，快门速度应在1/2000s左右

快门速度：
1/2000s
光圈：f5.6
ISO：400
焦距：125mm

新手解惑

Q：拍摄不同运动速度的被摄体时，有没有参考的快门速度呢？

A：设置快门速度时，还需要考虑与被摄体之间的距离。距离越远，快门速度越慢；距离越近，快门速度越快。在右边的表格中，列举了被摄体在不同速度下快门的设置参考值。

快门速度参考值

动　　作	快门速度
挥手、0.5m/s的运动	1/500s
跑步、10km/h～30km/h的运动	1/1000s
动物奔跑、30km/h～110km/h的运动	1/2000s
飞鸟、110km/h～180km/h的运动	1/4000s
急速赛车、180km/h以上的运动	1/8000s

被摄物的运动方向也与快门速度有关。当镜头方向与被摄体的运动方向成90°时，要求快门速度较快；而与被摄体成45°时，快门速度可以稍微慢一点；当摄影者与被摄体平行时，也就是角度为0°时，快门速度可以再慢一些。

快门速度：1/1000s　光圈：f5.6
ISO：200　　　　焦距：120mm

■ 改变与被摄体的距离和角度，减少对快门速度的要求

9.3.2 拍摄飞翔的鸟类

鸟类的颜色、动作和鸣唱能使人精神振奋。人们常常喜欢遥望展翅蓝天的雄鹰，享受自由自在的感觉，因此拍摄鸟类便成了许多摄影者追求的一部分。

当拍摄的鸟类停在枝头上时，摄影者可以使用慢速快门将鸟类优美的形态留在画面中。当然，飞翔的鸟类需要使用快速快门进行拍摄，不过飞翔的鸟类通常会离摄影者比较远，所以还需配上一只长焦镜头，才能正常进行摄影。

快门速度：1/1000s 光圈：f5.6
ISO：400 焦距：200mm

■ 拍摄角度的选择，对快门速度有影响

快门速度：1/1250s 光圈：f5.6
ISO：800 焦距：420mm

■ 只有使用长焦镜头，才不会惊动鸟

如果需要拍摄的对象正好飞到了头顶上空，需要仰拍时，可以适当对天空的背景进行筛选，如选择比较干净的天空或好看的云朵作为拍摄背景。另外，要尽量避免太阳光直射镜头。

快门速度：
1/1000s
光圈：f5.6
ISO：400
焦距：420mm

快门速度：1/1500s　光圈：f6.3
ISO：80　焦距：175mm

■ 一群刚起飞的雪雁

9.3.3 拍摄运动中的人物

拍摄运动中的人物，并不需要顶级的摄影器材，最简单的方法就是守株待兔，掌握好提前按快门的时间即可拍摄出好的照片。需要注意的是，运动中的人物在画面中过于清晰，会失去运动的速度感。

| 快门速度：1/1500s | 光圈：f6.3 |
| ISO：320 | 焦距：105mm |

■ 画面过于清晰，没有动感

| 快门速度：1/500s | 光圈：f5.6 |
| ISO：200 | 焦距：75mm |

■ 适当减慢快门，使运动对象模糊，体现速度感

对大部分数码相机来说，将数码相机设置为运动模式就可以轻松拍摄出运动照，而且一些数码相机的运动模式会将相机的拍摄方式设置为连拍，并且会采用较高的快门速度来凝固被摄体的动作。

| 快门速度：1/800s | 光圈：f5.6 |
| ISO：200 | 焦距：105mm |

■ 运动模式拍摄出的照片，通常都能体现出速度感

当拍摄的对象是专业的运动员时，如果十分熟悉要拍摄的运动员，能够了解运动员的每个动作的顺序或规律，并对运动员的运动路线能做出准确的判断和预测，那么在拍摄时会达到事半功倍的效果。

快门速度：1/1000s　光圈：f2.8
ISO：640　　　　焦距：300mm

■ 跟随运动员的节奏，拍摄出运动员腾空的效果

9.3.4 追随摄影法

在观赏成功的摄影作品时，经常会发现被摄的运动对象是非常清晰的，但是背景很模糊，因此有一种很强烈的冲击力，动感效果十足。这种照片的拍摄就使用了追随摄影法（也称追拍）。

追拍最关键的一点就是控制快门速度，不能过快，否则会将背景拍摄得非常清晰。一般情况下，除了拍摄非常快速的对象外，快门速度可以调慢2~3个级别。

快门速度：1/1000s　光圈：f2.8
ISO：200　　　　焦距：110mm

■ 主体清晰，背景模糊，形成了强烈的视觉冲击效果

■ 这是一张拍摄失败的照片，其原因是追拍时相机的移动方法出错了

快门速度：1/200s
光圈：f16
ISO：100
焦距：105mm

当被摄体已经对焦清楚后，摄影者需要将相机追随移动。移动时，需要根据被摄体的运动方向来移动相机，如拍摄正在荡秋千的小孩，相机就要随着运动的方向进行纵向移动。

以水平追随移动的方法进行拍摄

快门速度：1/80s　　光圈：f4
ISO：200　　　　　焦距：55mm

教你一招

追拍的分类与移动方法

追拍时相机的移动方法有许多种，下面分别进行介绍。

平行追随移动：相机与被摄对象的运动方向呈90°时，相机应平行追随被摄对象。

纵向追随移动：被摄对象呈纵向运动时，相机应随被摄对象的运动方向进行纵向追拍。

弧形追随移动：被摄对象呈弧形运动时，相机应随被摄对象的运动形式进行弧形追拍，如拍摄高速驶入弯道的汽车时。

圆形追随移动：被摄对象呈圆形转动时，相机应随被摄对象的运动形式进行圆形追拍。使用该种方式并非指相机移动的路径为圆形，移动的路径在280°以上都称为圆形追随。

斜向追随移动：被摄对象由高向低运动时，相机需要进行斜向运动，而非纵向移动，否则拍摄不出动态效果。

变焦追随移动：摄影者面对被摄对象在镜头轴向移动时，需利用变焦镜头在变焦中追随拍摄对象。

使用追随摄影法拍摄照片时，对背景的选择也很讲究。通常情况下，选择的背景不能太单一，否则照片无法表现出动态效果。纯色的背景是非常忌讳的。

■ 赛道作为背景太过单一，无法表现出赛车奔驰时的效果

快门速度：1/1200s	光圈：f3.6
ISO：600	焦距：300mm

新手解惑

Q：为什么使用追随摄影法拍摄的照片主体和背景都很模糊？

A：追随摄影法拍摄的照片，其特点就是背景会被拉成线条形状，而产生模糊感，但是拍摄的主体却很清晰。如果拍摄的照片出现了主体和背景都很模糊的情况，这很有可能是移动相机的方法没有掌握好而导致的。要想学好追随摄影法，除了平时常加练习外，还需注意以下几个问题。

注意1：必须使用快门优先模式进行拍摄。

注意2：一定要结合被摄对象的运动速度来决定快门速度，千万不要在任何情况下都将快门速度调至极高，不能有高速快门能拍摄一切运动对象的思想。

注意3：在移动数码相机时，要将数码相机贴近眼睛，保持移动相机的稳定与均匀。

9.4 静 物 拍 摄

这一天，可把娜娜累坏了。回到酒店，她就躺在床上休息。看着台灯下的酒杯，娜娜觉得非常漂亮，觉得这种摄影题材应该就是阿伟以前提到过的静物拍摄，便来到阿伟的房间，让他给自己讲讲静物摄影的相关知识。

▌9.4.1 避免物体过于死板

要想避免被摄物体过于死板，就需要在物品的摆放上下功夫。简单的并排，会缺乏物体间的相互关系看点与造型美感。拍摄出来的画面中不仅没有视觉中心，还会分散观赏者的视线，使照片显得非常平庸。

快门速度：1/15s	光圈：f5
ISO：100	焦距：100mm

■ 不同的摆放方式会带来不同的视觉效果

■ 对称的构图打破了死板的局面

| 快门速度: 1/80s | 光圈: f2.8 |
| ISO: 200 | 焦距: 35mm |

虽说并排的方式很容易造成被摄物体过于死板，但也并不能否定并排的摆放方式。只要能掌握一些技巧，同样能使用并排方式拍摄出好照片。并排两个相同的物体时，通过对称的形式来构图，可以起到一种重复、强调的效果。除此之外，摄影者还可以使用一些道具和光线来打破死板的局面，或者以并排的方式将其排放得错落有致、富有层次感。

9.4.2 使用轮廓光表现物体的形体

轮廓光对摄影者来说并不陌生，在前面的章节中也有所介绍。这里主要讲解如何使用轮廓光表现物体（主要指一些玻璃制品或透明体）的形体。

玻璃杯或一些透明体能表现出非常光滑的表面，将其通透的质感呈现出来，但是拍摄该类物体时一定要借助光线才能将其完美地展现出来。

光线的选择决定了玻璃制品的通透程度。较为常用的光线主要有逆光和侧逆光。除此之外，玻璃杯中的载体也会影响其通透性。

■ 拍摄时，添加一些其他装饰，可以使画面更加丰富

| 快门速度: 1/60s |
| 光圈: f7.1 |
| ISO: 400 |
| 焦距: 50mm |

Q: 为什么在使用逆光拍摄时一不小心就会将光源摄入画面中？

A: 将光源摄入画面中是新手常见的问题。其实，解决的方法有很多种，最简单的就是将光源遮住，如使用柔光纸来遮挡光源。有的时候，为了加强透明体的形体造型，摄影者可以在被摄体的左侧、右侧或上方用黑卡纸并结合高亮逆光来勾勒造型线条，但需要注意不能将高亮光源摄入画面中。

玻璃制品的拍摄，可以在背景上下功夫。传统的背景布置通常会用黑色或深色作为背景，其拍摄效果虽然很不错（比如前面一张图片虽然以黑色作为背景），但是从整体上看仍然缺少创意。而在右图所示的图片中，使用黑白相间的效果作为背景，然后将盛有深色液体的高脚杯放在背景中间，使其形成高强度反差，为画面增添艺术效果。

背景的布置并没有固定的规则，可以根据实际情况进行灵活变通。同样可以使用一些道具来修饰被摄体，然后通过景深来表现被摄体的轮廓。

■ 通过背景来增强画面艺术效果

| 快门速度: 1/15s | 光圈: f5.6 |
| ISO: 400 | 焦距: 75mm |

快门速度: 1/200s	光圈: f1.6
ISO: 100	焦距: 50mm

■ 背景的布置并没有固定的规则，灵活变通反而能拍摄出更好的照片

9.4.3 拍摄吸光物体

毛皮、衣服、布料、食品、水果、粗陶、橡胶以及亚光塑料等都属于吸光物体。吸光物体是最常见的物体，它们的表面通常不光滑，因此对光的反射比较稳定，其最大的特点是在光线照射下会形成完整的明暗层次。物体上最亮的高光部分将会显示出光源的颜色，而较为明亮的部分将显示物体本身颜色和光源颜色综合后的色调，暗部则几乎没什么变化。

■ 水果属于吸光物体

快门速度: 1/60s	
光圈: f4	
ISO: 100	
焦距: 55mm	

对吸光物体的用光处理较为灵活多样。表面粗糙的物体，一般采用侧光照明来显示其表面质感。

▌9.4.4　拍摄反光物体

反光物体表面通常都非常光滑，拍摄反光体时，要表现出物体表面的光滑度和物体的质感，就要注意在一个立体面中不能出现多个不统一的光斑或黑斑。

拍摄反光物体的用光需要采用大面积照射的光或利用反光板，光源的面积越大越好，而通过很弱的直射光源可以使被摄物表面出现高光。

很多情况下，为了使反光体更真实，反射在反光物体上的白色线条可能是不均匀的，此时，摄影者必须保持光线渐变的统一性。

快门速度：1/125s　光圈：f3.5
ISO：200　　　　焦距：50mm

■ 在摄影棚中拍摄的啤酒

教你一招

拍摄反光物体时用光的关键

反光物体的用光中，最关键的就是反光效果的处理，特别是要对柱状体或球体等立体面不明显的反光体进行处理。在实际拍摄中，会使用黑色或白色卡纸来进行反光处理。

▌9.4.5 拍摄出物体的形式美

　　物体的美通常需要摄影者去发现。物体的美不仅仅局限于物体本身的内在属性，还可以通过物体的形状、颜色以及彼此之间的搭配等去发现。

　　物体的影调、线条、色彩和光线都能体现出物体的形式美，而形式美又包括了物体的空间感、立体感、质感、运动感以及节奏感等。比如，在下面的图片中，通过鞋子的线条和色彩完美地体现出了鞋子的立体感和质感。

■ 物体的形式美可以通过各种形式来体现

快门速度：1/105s	光圈：f5.6
ISO：200	焦距：70mm

9.5 更进一步——数码摄影常用小妙招

在阿伟的帮助下，娜娜已经完全掌握了今天所学习的知识。虽然很累，但娜娜还是觉得非常高兴，也非常感谢阿伟的细心指导。在休息前，娜娜还从阿伟讲解的知识中总结出了几个小妙招。

第1招 拍摄宠物时的注意事项

宠物的拍摄虽然很简单，但由于拍摄对象是动物，所以需要注意很多问题。下面列举几点注意事项，以供拍摄宠物的摄影者参考。

注意1：谨慎使用闪光灯，必要时可以利用反射的技巧进行补光。这是因为宠物（如猫狗）的眼睛对光线特别敏感，如果闪光灯直射到宠物的眼睛，会惊吓到宠物。

注意2：宠物能够看到人们无法看到的光线，如红外线等，在拍摄时如果有类似的光线，应尽量回避一下。

注意3：当宠物的状态不好时，可以利用玩具来吸引宠物的注意力，从而帮助拍摄。

注意4：如果想拍摄出宠物的大头效果，可以尝试使用鱼眼镜头进行拍摄。

快门速度：1/1000s 光圈：f2.2
ISO：200 焦距：50mm

■ 吸引宠物的注意力

第2招   连拍模式的运用

在拍摄高速运动的物体，如赛车、飞翔的鸟类时，通常会将相机调整至快门优先模式进行拍摄。其实，在这种情况下，想要增加拍摄的成功率，可以选择数码相机的连拍模式，然后结合数码相机的跟踪对焦模式，利用相机对运动物体的自动对焦功能来保证画面的准确对焦。

快门速度：1/500s   光圈：f6.7
ISO：400   焦距：115mm

■ 连拍模式拍摄的小鸟

第3招   抓拍的技巧

抓拍就是在不干涉拍摄对象活动的情况下进行拍摄。抓拍属于摄影中最常见的一种手法，使用这种手法能够很好地提高摄影水平，不过操作起来比较困难。下面介绍一些常见的抓拍技巧。

技巧1：在抓拍现场，找一个能隐藏自己又不易被拍摄对象发觉的地方，将自己隐藏起来，"伏击"起来抓拍。

技巧2：拍摄前，根据目测调好焦距、光圈、快门，然后留意拍摄对象的一举一动，一旦出现合乎追求的情节、动作或神态，立即举机拍摄。

技巧3：抓拍也要讲究创意，在拍摄内容上要有新意。发现新题材是一种创造性的劳动，但这种创造性又具有严格的意义，宁可重复模仿别人的拍摄，也不要重复自己的拍摄。

技巧4：善于抓住精彩瞬间，将瞬间变成永恒。这不仅记录下了客观事物，同时又倾注了拍摄者的激情、思考和爱心。简单说来，要抓拍到精彩的瞬间，可以用七个字概括：眼明、手快、预见性。

第4招　处理光线的投影

在拍摄许多物品时，都需要通过补光来进行拍摄，最常见的就是静物摄影。在使用光线的同时，必须考虑由于灯光的照射而产生的投影。如果使用的光源较多，产生的投影也会随之增加，甚至可能严重破坏画面的效果。

投影让许多摄影者感到头痛，但它仍然有解决的方法。如果想要投影比较少，可以尽量减少光源，比如只用一盏光源，然后通过反光板对投影进行补光，从而保留物体的细节。

除此之外，还可以通过使用暗色调作为背景，使光照的投影和暗色调的背景融为一体，使被摄体的影子不容易看出来。

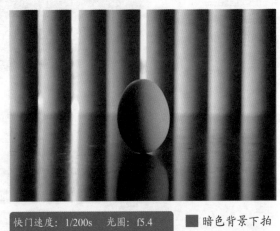

快门速度：1/200s　　光圈：f5.4
ISO：400　　　　　焦距：95mm

■ 暗色背景下拍摄出的倒影

9.6　活学活用

（1）使用卡片相机以靠近被摄体的方式对花朵进行拍摄，然后与使用单反相机的微距功能对花朵进行拍摄的照片做个对比。

（2）利用休息时间到动物园中练习拍摄动物，并与拍摄宠物进行比较，总结两者在拍摄技巧上有什么不同。

（3）使用单反相机拍摄出一张诱人的美食照。

（4）使用单反相机分别练习拍摄动态与静物的方法。

第10章
数码照片后期处理

旅行结束了。休息几天后，娜娜拿着相机又找到了阿伟。她一脸遗憾地说："你看，这么多的照片拍得都不是很好，真可惜。还有什么补救的措施吗？"阿伟将照片导入自己的电脑中，一一查看。看完之后，他对娜娜说："别郁闷了，这些拍摄失败的照片，还可以使用图形处理软件来挽救。"娜娜听了阿伟的话后，立马来了劲。她想：这正好，反正自己不会数码照片处理，正好可以向阿伟学习学习。

10.1 数码照片的输入

娜娜知道，在处理照片之前，必须将照片传输到电脑中，而传输方法娜娜也略知一二，但阿伟所说的在电脑上查看照片的方法却全然不知，于是便叫阿伟详细讲讲是怎么回事儿。

10.1.1 数码照片传输到电脑的方法

与传统的相机相比，能够将拍摄的照片传输到电脑中是数码相机的优势之一。不管是卡片机还是单反相机，甚至是不同的相机品牌之间，其传输的方法都差不多，归纳起来有以下几种。

1. 使用相机自带的数据线进行传输

在购买数码相机时，随机携带的附件中都包含了数据线。数据线的一端是与数码相机的输出端口相对应的接口，另一端是与电脑USB接口相接的接口。在使用时，分别将数据线与相机的输出端口和电脑的USB接口相连即可。

提示：不同品牌的数码相机，其数据线与相机输出端口的接口有所不同，有些厂商还在该接口上设置了锁定装置。在连接数据线时，要注意观察插入和拔出的方法（或查看使用说明书），以免误操作损坏了输出端口。

2. 使用读卡器进行传输

使用读卡器传输是将数码照片传输到电脑最常用的方法，读卡器的体积比数据线小，方便携带。读卡器多采用USB接口，将数码相机中的存储卡拔出后插入读卡器的插槽中，最后再将读卡器插入电脑的USB接口即可。

读卡器的种类比较多，使用最广泛的就是单一式读卡器和多功能读卡器。单一式读卡器只能读取一种储存卡，而多功能读卡器能读取多种类型的存储卡。

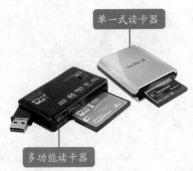

单一式读卡器

多功能读卡器

3. 使用IEEE 1394总线进行传输

IEEE 1394总线接口（又称火线接口）是目前传输速度最快的高速串行总线，其传输速度可以高达400MB/s，但是该传输方式只有少量高档的数码相机才支持。

IEEE 1394数据线

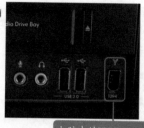

电脑中的IEEE 1394接口

10.1.2 数码照片传输到电视机的方法

随着科技的发展，数码照片不仅能传输到电脑中，还能传输到电视机中查看。在电视机中查看数码照片，效果更清晰，面积更大，就像一个幻灯片放映机一样。

购买数码相机时，在自带的附件中除了有数据线外，通常还包含了一根视频线（有的数码相机生厂商将数据线与视频线集合在了一根线上）。有了视频线，就可以将数码相机拍摄的照片或录制的视频片段传输到电视机中查看。视频线中的两个插头一个是音频插头，一个是视频插头，要播放视频短片或照片，就必须将插头插入电视机的A/V接口中。

电视机的A/V接口

数码相接的视频线

教你一招

电视机中的接口

将数码照片传输到电视机中需要连接电视机的A/V接口，这种接口是最普遍的接口，但是最大的缺点就是不能达到高清效果，只能达到576i。如果使用电视机后面的分量输入接口，就可以达到1080P（一种视频显示格式）以下的高清输入效果，而使用电视机的HDMI接口可以实现1080P的高清传输效果，它是目前最好的连接方式，不过使用分量输入接口和HDMI接口需要数码相机与电视机都支持，并且要单独购买视频线。

10.1.3 数码照片的格式

将数码相机拍摄的照片传输到电脑中，如果要对照片进行编辑，就需要对数码相机的存储格式进行了解。目前，数码相机的存储格式主要有JPEG、TIFF和RAW等种类。

下面分别对这几种图像存储格式进行介绍。

■ JPEG图像格式：后缀名为.jpg，JPEG文件格式既是一种文件格式，又是一种压缩技术，数码相机以这种格式存储的照片都经过了一定程度的压缩。该格式是目前数码相机运用最多的存储格式。

■ TIFF图像格式：后缀名为.tif，TIFF图像文件格式是为色彩通道图像创建的最有用的格式。TIFF图像文件格式也是一种无损位图图像格式，其画面质量相当高。

■ RAW图像格式：后缀名为.raw，RAW是一种无损压缩格式，它的数据是没有经过相机处理的源文件，因此其大小比TIFF格式略小。该格式的图片需要传输到电脑，再使用RAW文件转换器转换成其他格式之后才能使用。

10.1.4 冲印数码照片

挑选几张自己满意的作品，将其冲印出来放在相册里珍藏，也是一件非常有乐趣的事情。在前面的章节中，已经讲解数码照片的冲印质量与分辨率有关。在下表中，详细列举了冲印照片选择的尺寸与分辨率之间的关系，供冲印照片时参考。

照片尺寸与分辨率的关系

照片规格（寸）	实际尺寸（英寸）	照片尺寸（厘米）	最佳分辨率	最低分辨率
1	1×1.5	2.5×3.8	450×300	300×200
2	1.5×2.0	3.8×5.1	600×450	400×300
5	5×3.5	12.7×8.9	1500×1050	1200×840
6	6×4	15.2×10.2	1800×1200	1440×960
7	7×5	17.8×12.8	2100×1500	1680×1200
8	8×6	20.3×15.2	2400×1800	1920×1440
10	10×8	25.4×20.3	3000×2400	2400×1920
12	12×10	30.5×25.4	3600×3000	2500×2000
14	14×10	35.6×25.4	4200×3000	2800×3000

冲印照片的方法有很多种，下面介绍几种常见的方法。

1. 在数码商店冲印

在数码商店中冲印数码照片是目前最普及、最实惠的方法，用户只需将存储数码照片的存储卡带到商店中，交给相应的工作人员，等待一定时间后，就能取回冲印好的数码照片。

通常情况下，用户将数码照片交给工作人员后，他们会根据日常的冲印经

验来调整照片的对比度和饱和度等参数。对于会使用一些图形处理软件的用户来说，可以自行调整数码照片的色彩，然后将处理好的数码照片拿去冲印，并交代工作人员不需再对数码照片进行任何处理。常用的图形处理软件主要有Photoshop、光影魔术手、美图秀秀等软件。

在数码商店冲印照片的缺点

虽说在数码商店中冲印照片是最普及的方法，但还是有以下几个缺点。

缺点1：需要用户将照片文件通过U盘等设备带到商店，并且需要等待数小时或1天时间，才能取回照片。如果选择快洗的方式，还需额外加钱。

缺点2：照片复制到商店中，个人的隐私无法得到保证。

缺点3：如果用户要求工作人员对照片进行装饰，还需增加额外费用。

2. 自助打印

自助打印是指用户自行购买一台数码打印机，然后在家中打印数码照片。

自助打印非常方便，用户在图形处理软件中处理好照片后就可以马上将其打印出来，不仅方便快捷，还保护了自己的隐私，同时还可以感受DIY的无限乐趣。

不过，自助打印除了需要购买打印机外，还需要用户购买墨盒与相纸，而这些耗材都比较昂贵，比到数码商店中去冲印照片的价格要贵一些。

3. 网上冲印

冲印相片的另外一种方法就是在网上冲印。在网上冲印照片只需动动鼠标、敲敲键盘，通过电子付款的方式就可以足不出户实现照片的冲印。

网上冲印会将冲印的照片邮寄到家中，通常等待的时间比较长，且需要承担邮寄的费用。但是，网上冲印的商家店铺没有房租，也不用装修，所以成本较低，冲印的费用也比较低。

网上冲印需要进入冲印的网站，并注册一个该网站的账号（免费的），然后将照片上传到该网站中，选择好冲印的尺寸和数量，再选择付款方式（一般可以通过网银付款或支付宝付款）和收货方式，即可完成冲印的操作。

选择冲印的网站时，最好选择比较知名的网上冲印网站进行冲印，如"爱的影集"网上冲印网站（http://iyingji.com）。

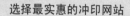

选择最实惠的冲印网站

网上冲印的网站越来越多，各个网站间的竞争也非常激烈。为此，很多网上商店还支持货到付款功能。一些商店为了促销，还推出了新注册用户就赠送冲印相片的活动。商家的这些举动也使得我们在网上冲印的费用越来越低，那么到底怎么选择最实惠的冲印网站呢？这就需要用户平时多关注冲印网站的动态。下面介绍几个常用的冲印网站。

网址：http://photo.189.cn

网址：http://www.pptake.com

网址：http://print.dpnet.com.cn

网址：http://www.kachayu.com

在喀嚓鱼网中冲印照片

使用IE浏览器打开喀嚓鱼网页，然后在网页中单击"注册"超级链接，在打开的页面中填写注册信息。注册成功后，将需要冲印的照片上传到网站中，然后根据操作提示进行冲印。

10.2 拯救失败的照片

照片传输到电脑中后，娜娜发现了许多有缺陷的照片，就连忙向阿伟求救。阿伟看了看说："这些照片都没有多大的缺陷，使用图像处理软件就可以处理好，对于这类照片，使用光影魔术手就可以处理了。"

10.2.1 认识光影魔术手

光影魔术手是一款完全免费的对数码照片画质及效果进行改善与处理的专业软件。该软件的操作非常简单，不需要任何专业的技术就能制作出专业的照片。启动光影魔术手后，即可打开其工作界面，该工作界面主要由标题栏、菜单栏、工具栏、图像编辑区、状态栏和右侧快捷功能区等组成。

下面将介绍光影魔术手工作界面中各组成部分的作用。

1 标题栏：用于显示当前打开照片的名称，利用右侧的控制按钮，可对当前窗口进行最小化、最大化和关闭操作。

2 菜单栏：用于选择要进行的操作，选择不同的菜单可进行相应的操作。

3 工具栏：单击相应的按钮可执行对应的操作，如单击"浏览"按钮，可打开"光影管理器"窗口浏览照片。

4 图像编辑区：对照片进行处理操作的区域，可直观地显示照片处理后的效果。

5 右侧快捷功能区：该区域和工具栏类似，提供了照片处理的快捷方式，包括基本调整、数码暗房、边框图层、快捷工具、EXIF、光影社区和历史操作等。

6 状态栏：用于显示照片的基本信息，如照片的名称、像素大小、色相和饱和度的值等。

下载图像处理软件

图像处理软件需要用户自己下载安装才能使用。下载时，可以通过百度等搜索引擎搜索下载地址，也可以到官方网站中下载。光影魔术手的官方网站为http://www.neoimaging.cn。

10.2.2 裁剪照片

裁剪照片被称为二次构图，对于构图失败的照片，使用裁剪是拯救照片的最好方法。除此之外，裁剪照片还可以将横幅照片裁剪为竖幅照片。这种处理方法通过光影魔术手就能快速实现。

下面以将一张数码照片由横幅裁剪为竖幅照片为例，讲解使用光影魔术手裁剪照片的方法。

第1步：打开照片

启动光影魔术手，单击工具栏中的按钮，然后在"打开"对话框中找到需要裁剪的照片（光盘\素材文件\第10章\儿童.jpg），然后单击 打开(O) 按钮，即可打开该照片。

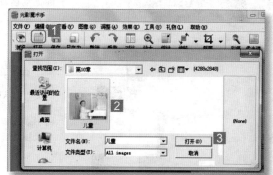

第2步：打开"裁剪"窗口

选择"图像"/"裁剪/抠图"命令，打开"裁剪"窗口。

提示：在执行光影魔术手软件中的命令时，可以通过命令菜单进行，也可以单击工具栏中的按钮，或者按相应的快捷键执行命令，如"裁剪"命令可以按Ctrl+T键执行。

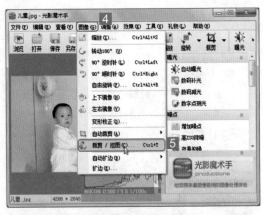

第3步：选择裁剪区域

在打开的"裁剪"对话框中选中"自由裁剪"单选按钮，并在下方选择□工具，然后在图像预览区域拖动选择需要保留的部分。

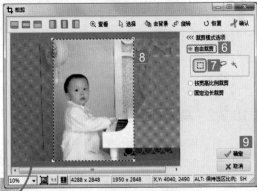

第4步：完成裁剪操作

如果对拖动的区域不满意，可以使用鼠标拖动区域的四边进行调整。调整完成后，单击 ✓确定 按钮，完成裁剪操作。

提示：光影魔术手供选择的裁剪方式除了自由裁剪外，还可以选择按宽高比例裁剪和固定边长裁剪的方式进行。另外，裁剪用的工具也可以根据需要选择圆形裁剪工具○、套索裁剪工具⌐以及魔术棒工具❋。

第5步：另存为照片

完成裁剪后，返回软件界面，然后选择"文件"/"另存"命令，在打开的"另存为"对话框中，选择需要保存的位置，确定图片名称，最后单击 保存(S) 按钮。

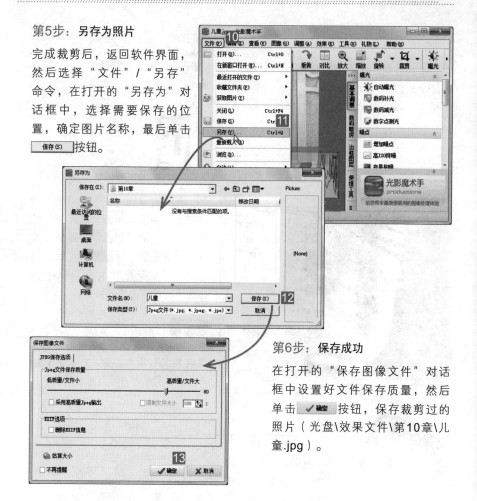

第6步：保存成功

在打开的"保存图像文件"对话框中设置好文件保存质量，然后单击 ✓确定 按钮，保存裁剪过的照片（光盘\效果文件\第10章\儿童.jpg）。

10.2.3 旋转与翻转照片

当遇到需要快速完成拍摄的时候，往往会因为时间仓促而导致拍摄出的照片角度不对，影响照片的美观。对于这些照片，用户可以使用光影魔术手的"旋转"命令进行处理。

光影魔术手的"旋转"命令包括了"自由旋转"、"规则旋转"以及"镜像对折"等，下面将分别对这几种旋转方式进行讲解。

1. 自由旋转

自由旋转就是指用户对照片进行任意角度的旋转。其方法是：单击工具栏中的 按钮，在打开的"旋转"对话框中单击 任意角度 按钮，即可打开"自由旋转"窗口。

在该窗口的"度"数值框中输入旋转的角度，单击"填充色"色块，在弹出的"颜色"对话框中选择要填充的空白区域颜色（默认为白色），然后依次单击 确定 按钮即可完成自由旋转操作。

提示 ：在"自由旋转"窗口中，单击 预览 按钮，可查看旋转后的照片效果，如果不满意，可单击 复位 按钮，重新对照片进行旋转操作。

教你一招

快速自由旋转照片的方法

在"自由旋转"窗口的图像预览区中，按住鼠标左键不放并拖动，在照片上画出直线，然后单击 确定 按钮，系统会自动计算照片的角度再进行旋转。

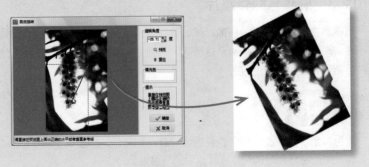

2. 规则旋转

规则旋转就是指按照一定的规则对照片进行旋转，一般包括逆时针旋转90°、顺时针旋转90°以及翻转180°。其方法是在"旋转"对话框的"旋转角度"栏中单击 ⤺、⤿或 ⤾ 按钮，然后单击 ✔确定 按钮来实现旋转照片。

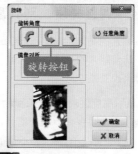

逆时针旋转90°

旋转180°

顺时针旋转90°

教你一招

使用快捷键实现快速规则旋转

在光影魔术手工作界面中按Ctrl+←键和Ctrl+→键可逆/顺时针旋转照片90°。另外，在"图像"子菜单中选择相应的命令，可直接对照片进行旋转操作，而不需要打开"旋转"对话框。

3. 镜像旋转

镜像旋转就是指对照片进行上下或左右翻转。在"旋转"对话框的"镜像对折"栏中单击 ↕和 ↔ 按钮，即可使照片产生垂直和水平的镜像效果。

垂直镜像

水平镜像

10.2.4 调整亮度、对比度与Gamma

调整照片的亮度、对比度与Gamma值，可以使照片的颜色更加丰富。在光影魔术手中，调整照片的亮度、对比度与Gamma的值被放在同一个对话框中，这样大大方便了对照片的处理。

1. 认识亮度、对比度与Gamma的作用

相信不少的摄影爱好者都听说过这几个名词，也知道它们能使照片的色彩更加丰富，但对它们各自的作用并不是很了解。

下面就将对这几个参数的作用进行介绍。

■ 亮度：用于调整照片整体的明暗度效果。

■ 对比度：用于调整照片中明暗对比度的效果。

■ Gamma：用于调整照片的灰度以及暗部的细节效果。

2. 亮度、对比度与Gamma的调整方法

亮度、对比度与Gamma的调整方法非常简单，在对话框中通过拖动滑块即可完成调整。

下面就以将照片"雨天"调整得更加明亮为例，讲解调整照片亮度、对比度与Gamma的方法。

第1步：打开对话框

启动光影魔术手后，打开"雨天"照片（光盘\素材文件\第10章\雨天.jpg），选择"调整"/"亮度/对比度/Gamma"命令，打开"亮度·对比度·Gamma"对话框。

第2步：调整亮度

在打开的对话框中使用鼠标向右拖动"亮度"对应的滑块，使亮度的值为"25"。

提示：使用鼠标选择需要调整的选项后，还可以按键盘上的←键和→键来进行调整。

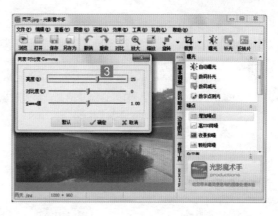

第3步：调整对比度与Gamma

使用相同的方法，将对比度的值调整为"100"，将Gamma值调整为"1.10"。单击 ✓确定 按钮。

提示：每调整一个项目后，都会在软件的工作界面中显示调整时的预览情况。另外，如果觉得调整不适合，可以单击 默认 按钮，重新调整。

第4步：完成调整

调整完成后查看效果，然后保存照片（光盘\效果文件\第10章\雨天.jpg）。

调整前

调整后

教你一招

关于Gamma值的调整建议

Gamma的值主要是用于控制平滑地扩展暗调的细节。一般情况下，在Gamma的值大于1时，照片的高光部分将会被压缩，而暗调部分将会被扩展；当Gamma的值小于1时，则会相反，照片的高光部分将会被扩展，暗调部分将会被压缩。

10.2.5 修正畸变照片

在拍摄照片时，如果使用广角镜头拍摄的画面，或多或少都会存在一些畸变效果。使用远焦摄镜头通常会出现变形的情况，尤其是使用变焦镜头拍摄的画面更是如此。当出现这种情况后，就需要我们对照片进行修正，还原被摄体原来的模样。

新手解惑

Q：使用鱼眼镜头拍摄的照片能不能使用变形校正命令进行修正？

A：由于使用鱼眼镜头拍摄的照片变形程度较大，而变形校正功能处理的变形范围有限，所以不能使用该功能对鱼眼镜头拍摄的照片进行校正。其实，使用鱼眼镜头的目的就是使照片达到夸张的变形效果，一般情况下很少对其进行修正。

在光影魔术手中，可以使用"变形校正"命令来实现对畸变照片的修复。下面就以调整发生畸变的照片"布达拉宫无字碑"为例，讲解修正畸变照片的方法。

第1步：打开对话框

启动光影魔术手后，打开"布达拉宫无字碑"照片（光盘\素材文件\第10章\布达拉宫无字碑.jpg），选择"图像"/"变形校正"命令，打开"变形校正"对话框。

第2步：修正照片

在打开的对话框中选中"维持横纵同步校正"复选框，然后拖动预览区旁边的滑块，修正变形照片。

提示：除了可以用拖动滑块的方式来修正变形照片外，还可以在"校正参数"栏的数值框中输入参数来进行修正。

第3步：准备裁剪照片

调整完成后，单击对话框中的 √确定 按钮，返回工作界面查看修正后的效果，然后单击工具栏中的 按钮，打开"裁剪"窗口。

第4步：准备裁剪照片

在打开的窗口中选中"固定边长裁剪"单选按钮，然后在"宽："、"高："数值框中分别设置宽为"1678"，高为"2887"。设置完成后，在预览区中单击鼠标，将裁剪框显示在预览区中，最后通过鼠标拖动裁剪框到合适位置并单击 √确定 按钮。

修正后

第5步：完成修正

返回工作界面，查看修正并裁剪后的照片效果，最后保存完成的照片（光盘\效果文件\第10章\布达拉宫无字碑.jpg）。

修正前

10.2.6　调整曝光过度与不足的照片

曝光过度与不足是摄影时常常出现的问题。对于一些由于曝光原因而失去了原始美的照片，丢弃会感觉非常遗憾，留下又感觉不满意。此时，就可以通过光影魔术手的调整曝光的功能进行修复。

动手一试

下面以调整照片"自行车"的曝光，弥补曝光不足的情况为例，讲解调整照片曝光不足的方法。

第1步：打开窗口

打开"自行车"照片（光盘\素材文件\第10章\自行车.jpg），选择"调整"/"数字点测光"命令，打开"数字点测光"窗口。

第2步：调整曝光

在打开的窗口中，显示了原图效果与校正效果。使用鼠标在原图上单击一点作为测光点，然后在"EV"栏中拖动滑块，调整曝光度并单击 √确定 按钮。

提示：使用鼠标在原图上单击的点，光影魔术手会以该点的亮度为整张照片的曝光度进行调整。

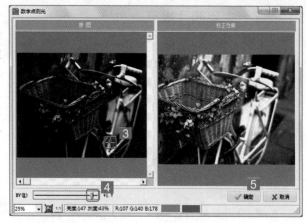

第3步：完成曝光调整

返回工作界面，查看调整后的效果，最后保存调整好的照片（光盘\效果文件\第10章\自行车.jpg）。

新手解惑

Q：调整曝光只能通过选择测光点的方式进行吗？

A：在光影魔术手中调整曝光的方法不止一种，下面列举了其余几种调整曝光的方法。

■ 自动曝光：是指系统自动根据照片的信息做出判断并调整曝光。选择"调整"/"自动曝光"命令即可使用该命令。

■ 数码补光：用于调整在较暗环境下拍摄的背景看不清楚且使用自动曝光功能不能完全改善的照片。选择"效果"/"数码补光"命令即可使用该命令。

■ 数码减光：用于调整曝光不足、色彩暗淡、照片苍白无力、失去光泽的情况。选择"效果"/"数码减光"命令即可使用该命令。

10.2.7 去除照片噪点

拍摄照片时常会出现曝光度不够的情况，这种环境下拍出的照片就会有许多的小杂点，而这些小杂点就是噪点。噪点产生于整幅画面中，而不只是画面的局部，想要去除照片中的噪点，就需要使用修复技术进行去除。

知识点拨

在光影魔术手中，去除照片噪点的方法有很多种，各种方法对照片噪点的处理力度也有所不同，下面分别对其进行介绍。

1. 高ISO降噪

选择"效果"/"降噪"/"高ISO降噪"命令，即可使用高ISO降噪功能。该功能主要是用于在光线较暗时，使用高ISO模式拍摄出有噪点的照片。使用该命令后，照片画面会更加干净、清晰。

处理前

处理后

教你一招

正确认识噪点处理

使用光影魔术手的去噪功能虽然能够使照片有所改善，但照片质量也会受影响。光影魔术手的去噪功能非常简单，通常只需要一步操作就可以消除噪点。在消除噪点的同时，照片也会变得模糊，所以想要达到很理想的效果，可以使用其他功能强大的图像处理软件精确降噪，如Photoshop。

2. 颗粒降噪

选择"效果"/"降噪"/"颗粒降噪"命令，即可使用颗粒降噪功能。在打开的"颗粒降噪"对话框中，分别设置阈值和数量参数后，单击 ✓确定 按钮即可完成降噪处理。颗粒降噪是一般性的噪点处理工具，主要用于照片中出现过多的噪点颗粒的情况。颗粒降噪功能可以将照片中的噪点融入周围的色块中，降低噪点对照片质量的影响。

处理前

处理后

3. 夜景抑噪

选择"效果"/"降噪"/"夜景抑噪"命令，即可使用夜间抑噪功能，打开"夜景抑噪"对话框后，在对话框中设置域值、过度范围和力度后，单击 ✓确定 按钮即可。该功能主要用于对拍摄夜景光线不足而产生大量噪点的情况。

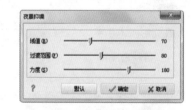

处理前

处理后

教你一招

增加噪点的方法

虽然噪点会使照片变得不平滑，但在某些特定的环境氛围中，刻意添加噪点反而会使照片更具有怀旧感，增加照片的艺术气息。

在光影魔术手中选择"效果"/"降噪"/"增加噪点"命令，打开"增加噪声"对话框，在对话框中设置噪点数量后，单击 ✔确定 按钮即可。

10.2.8 修正白平衡

在进行数码摄影时，各方面的因素往往不会全是对拍摄有利的因素。特别是户外摄影时，不同环境光线照射在物体上，这是照片出现偏色现象的因素之一。如果觉得偏色造成照片失真，就需要对照片进行白平衡修正。

知识点拨

在光影魔术手中，修正白平衡的方法也有很多种，下面分别对其进行介绍。

1. 自动白平衡

自动白平衡是光影魔术手修正白平衡最简单的方法，打开需要处理的照片后，在菜单栏中选择"调整"/"自动白平衡"命令即可。下图所示的两张照片分别为调整前（左）和调整后（右）的效果。

2. 严重白平衡错误校正

对于错误设置相机白平衡而导致严重偏色的情况，需要使用光影魔术手的严重白平衡错误校正功能进行校正。选择"调整"/"严重白平衡错误校正"命令，可快速对照片进行修正。下图所示的两张照片分别为修正前（左）和修正后（右）的效果。

3. 白平衡一指键

光影魔术手中的白平衡一指键功能与前面的两种方法相比，最大的区别就是该功能需要用户手动调整白平衡。

下面以使用白平衡一指键功能修正偏色的照片"夜晚"，使照片色彩恢复正常为例，讲解使用白平衡一指键功能修正照片白平衡的方法。

第1步：打开照片

启动光影魔术手后，选择"文件"/"打开"命令，打开需要修正的照片（光盘\素材文件\第10章\夜晚.jpg）。

第2步：打开窗口

在光影魔术手中选择"调整"/"白平衡一指键"命令，打开"白平衡一指键"窗口。

第3步：设置白平衡

在该窗口中选中"强力纠正"单选按钮，然后用鼠标在原图照片中单击一点，作为调整白平衡的参照点。系统会自动根据选择的点进行调整，并在右边的"校正效果"栏中显示预览效果。如果不满意调整的效果，可重新选点，校正完成后单击 ✓ 确定 按钮即可。

第4步：查看效果

返回光影魔术手工作界面，查看照片调整效果，并保存调整好的照片（光盘\效果文件\第10章\夜晚.jpg）。

跟我练习

使用光影魔术手对失败的照片进行修复

启动光影魔术手，打开需要修复的照片（光盘\素材文件\第10章\花园.jpg），首先对照片进行降噪处理，然后调整照片的曝光，调整完成后保存照片（光盘\效果文件\第10章\花园.jpg）。

素材文件

效果文件

10.3 光影魔术手处理技巧

通过前面的学习，娜娜对光影魔术手也越来越感兴趣，还想进一步向阿伟学习，使自己处理数码照片的技术更上一层楼。阿伟看见娜娜认真的样子，决定再教她一些处理技巧。

10.3.1 制作胶片效果

制作胶片效果是指制作出其他独特风格的照片。在光影魔术手中，胶片效果主要包含了反转片效果、反转片负冲效果、黑白效果以及负片效果等。

在光影魔术手中，制作出胶片效果的方法很简单，只需在右侧快捷功能区的数码暗房中选择相应的选项或通过菜单命令执行相应命令即可，下面将分别对其进行介绍。

1. 反转片效果

反转片能够呈现出物体的实际颜色，又叫做正片或幻灯片。如果是风景照片，采用反转片效果后，照片的反差会更大、清晰度更高。在光影魔术手中，选择"效果"/"反转片效果"命令，然后在打开的"反转片"对话框中设置"反差"、"暗部"、"高光"和"饱和度"的值后，单击 ✔确定 按钮即可。

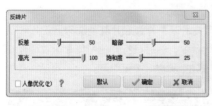

2. 反转片负冲效果

反转片负冲就是使用反转片拍摄，使反转片成为负片型的底片。在光影魔术手中，选择"效果"/"反转片负冲"命令，然后在打开的"反转片负冲"对话框中设置"绿色饱和度"、"红色饱和度"和"暗部细节"的值后，单击 ✔确定 按钮即可。

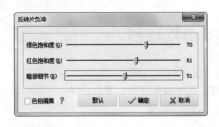

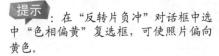

提示：在"反转片负冲"对话框中选中"色相偏黄"复选框，可使照片偏向黄色。

3. 黑白效果

黑白效果即只有黑、白两种颜色。黑白模式不仅可以通过在拍摄时使用黑白模式实现，也可以通过后期制作来实现。在光影魔术手中，可以通过选择"效果" / "黑白效果"命令，在打开的"黑白效果"对话框中设置"反差"和"对比"的值后，单击 ✓确定 按钮即可。

4. 负片效果

负片就是平常使用的胶卷，传统的冲印技术以负片为底片就能洗印出正片。在光影魔术手中，选择"效果" / "负片效果"命令，然后在打开的"负片"对话框中设置"暗部细节"和"亮部细节"的值后，单击 ✓确定 按钮即可。

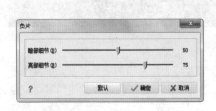

10.3.2 制作个性效果

个性效果主要是针对照片没有瑕疵，只为照片增添一些特殊效果，来彰显出照片个性和特色的情况，使照片效果更上一层楼。

在光影魔术手中制作出个性效果的方法与制作胶片效果的方法类似，下面将对制作主要个性效果的方法进行介绍。

1. LOMO风格效果

LOMO风格效果是前苏联一款由于技术局限导致曝光不足的缺陷相机拍摄出来的风格照片。LOMO风格效果往往能给人一种视觉冲击，其色彩鲜艳，暗角明显，给人一种深邃的感觉。在光影魔术手中，选择"效果"/"风格化"/"LOMO风格模仿"命令，然后在打开的"LOMO"对话框中设置"暗角范围"、"噪点数量"、"对比加强"的值后，单击 ✔确定 按钮即可。

2. 晕影效果

晕影效果主要是为了给照片创造出特殊的效果。在晕影效果照片中，亮度或饱和度会出现比中心区域低的现象，就像月亮中的风圈环。在光影魔术手中，选择"效果"/"晕影效果"命令，然后在打开的"晕影效果"对话框中选择晕影的颜色并设置"晕影大小"和"晕影浓度"后，单击 ✔确定 按钮即可。

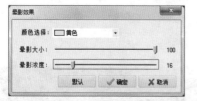

3. 晚霞渲染效果

晚霞是众多摄影爱好者喜爱的拍摄对象，但是想要拍摄出漂亮的晚霞效果并非一件容易的事，而使用光影魔术手上的晚霞渲染功能，即可将一幅普通的照片渲染出晚霞满天的浪漫效果。在光影魔术手中，选择"效果"/"其他特效"/"晚霞渲染"命令，然后在打开的"晚霞渲染"对话框中设置"域值"、"过渡范围"、"色彩艳丽度"的值后，单击 ✓确定 按钮即可。

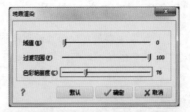

4. 褪色旧相效果

褪色旧相效果就是一种怀旧效果。一张照片进行褪色处理，能给人一种沧桑、怀旧的感觉。其褪色程度主要是降低照片的整体饱和度，饱和度越低，越能体现出怀旧效果。在光影魔术手中，选择"效果"/"其他特效"/"褪色旧相"命令，然后在打开的"褪色"对话框中设置"褪色程度"、"反差增强"和"加入噪点"值后，单击 ✓确定 按钮即可。

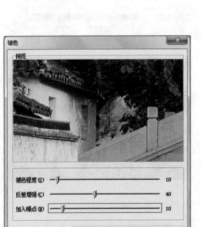

原始效果

褪色旧相效果

10.3.3 CCD死点测试与修复

CCD是数码相机成像的元件，CCD产生死点的原因多种多样。比如，使用过程中碰撞、振动，引起保护层开裂或是灰尘等杂物的进入，造成个别感光单元受损不能成像，从而形成了死点。

在光影魔术手中，可以通过CCD死点修复工具对照片进行测试并修复。下面将以测试并修复为例，讲解CCD死点测试与修复的方法。

第1步：准备测试

启动光影魔术手后，选择"工具" / "CCD死点工具" / "CCD死点测试"命令，打开"CCD死点测试"对话框。

提示：测试CCD死点还可以通过遮住相机镜头盖的方式拍摄出一张全黑的照片，然后通过CCD修复工具测试CCD是否有死点。

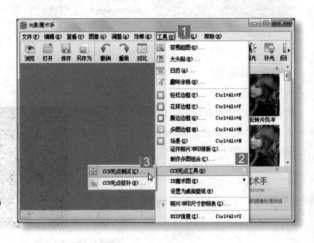

第2步：测试照片

在打开的"CCD死点测试"对话框中单击 打开样片按钮，然后在"打开"对话框中选择需要测试的照片。选择照片后，系统会自动测试CCD死点，并将结果显示在对话框中。查看完毕后，单击 确定按钮即可。

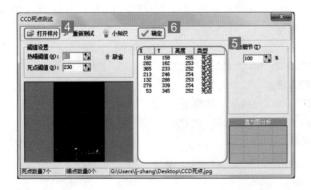

第3步：准备修补

返回光影魔术手工作界面，然后选择"工具"/"CCD死点工具"/"CCD死点修补"命令，打开"死点修补"对话框。

第4步：修补照片

在打开的"死点修补"对话框中会自动出现刚才进行测试的样片，在对话框中单击 ✓开始修补 按钮，即可修补照片中的死点。

提示：在对死点进行测试时，如果检测出来的类型是热噪，则不能对其进行死点修补。

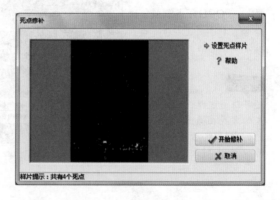

教你一招

拍摄测试样片的方法

噪点的活跃性与CCD的温度有着直接的关系，拍摄样片应注意如下几点。

注意1：数码相机开机10～30分钟后会达到稳定状态，此时也是拍摄样片的最佳时机。

注意2：为了使样片更有实用性，最好将快门速度、光圈、ISO等参数设置为最常用状态。

注意3：拍摄样片时，最好关闭日期。

10.3.4　包围曝光三合一

包围曝光三合一就是对同一场景拍摄出的正常曝光、过度曝光以及曝光不足的照片使用包围曝光三合一功能将其合并在一起，合成照片的高光部分保留曝光不足照片的细节，低光部分则保留曝光过度照片的细节。

下面以修复"桃花"照片为例，讲解使用包围曝光三合一功能的方法。

第1步：打开窗口

启动光影魔术手后，选择"效果"/"其他特效"/"包围曝光三合一[HDR]"命令，打开"包围曝光三合一[HDR]"窗口。

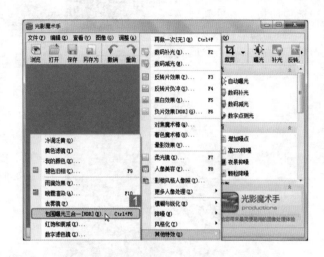

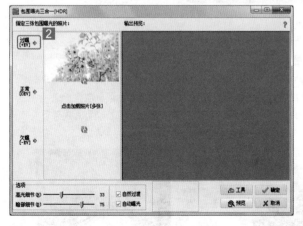

第2步：添加照片

在打开的窗口中单击 按钮，然后在"打开"对话框中选择并打开过度曝光的照片（光盘\素材文件\第10章\桃花1.jpg）。

第3步：继续添加照片

使用相同的方法添加正常照片（光盘\素材文件\第10章\桃花2.jpg）和曝光不足的照片（光盘\素材文件\第10章\桃花3.jpg）。添加完成后，在"选项"栏中调整"高光细节"和"暗部细节"选项的值，然后单击 按钮进行预览。单击 按钮，合成图像。

第4步：完成操作

合成完毕后，保存合成的照片（光盘\效果文件\第10章\桃花.jpg）。

跟我练习

制作梦幻水乡图

在光影魔术手中打开照片（光盘\素材文件\第10章\水乡.jpg），先对照片进行补光，然后通过"反转片效果"命令调整照片的的颜色，再通过"反转片负冲效果"命令调整照片的饱和度，最后再进行"负片效果"处理，最终效果如右图所示（光盘\效果文件\第10章\水乡.jpg）。

素材文件

效果文件

10.4 更进一步——数码照片处理小妙招

娜娜对数码照片的拍摄和处理方法基本都掌握了，运用阿伟教给自己的处理技巧，娜娜已经能够处理许多的问题照片。不过，光影魔术手的功能还有很多，阿伟决定再教娜娜几招。

第1招 右侧快捷功能区的使用

处理照片时，使用菜单命令有时会很麻烦。这时，可通过光影魔术手右侧功能区来预览和快速完成。比如，需要对照片进行反转片效果处理时，可选择"数码暗房"选项卡，在打开窗口的"胶片效果"栏中单击该效果即可。

第2招 多图组合

除了通过多图边框实现照片的组合外，光影魔术手还提供了"多图组合"功能，来实现照片的拼接。

在光影魔术手中，选择"工具"/"制作多图组合"命令，打开"组合图制作"窗口，单击窗口上方的按钮，即可为照片设置排版方式。单击照片区域，在打开的对话框中添加照片，然后单击上方的按钮，设置照片的显示方式。

提示：在照片上单击鼠标右键，在弹出的快捷菜单中还可对照片进行一些简单的处理，如裁剪、反转片效果、自动曝光等。

第3招　使用去雾镜

在下雨天、雾天或隔着玻璃等环境下拍摄的照片，会显得不清晰。去雾镜能修正雾气对照片色彩的影响，增强照片的对比度，使照片更清晰。

在光影魔术手中，选择"效果"/"其他特效"/"去雾镜"命令，即可对照片进行去雾处理。

使用前　　　　　　　　　　　　使用后

10.5　活学活用

（1）使用存储卡将数码照片传输到电脑中。

（2）将传输到电脑中曝光不足的照片通过光影魔术手的各种调整曝光的方法进行调整。

（3）将一些比较完美的照片制作成比较有个性的照片。

（4）将处理好的照片通过网上冲印的方法冲印出来。

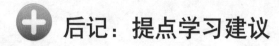

后记：提点学习建议

在创作本书时，虽然我们尽可能设身处地为您着想，希望能解决您遇到的所有与数码摄影有关的问题，但仍然不能保证面面俱到。如果您想学到更多的知识，或学习过程中遇到了困惑，除了可以联系我们之外，还可以采取下面的方式进行解决。

多练习：在空闲的时间多练习各类摄影技巧，俗话说的"熟能生巧"就是这个道理。

多交流：可以通过参加当地的摄影社团，在中间找一些志同道合的影友进行交流，不仅能增长自己的见识，还能增强摄影技术。除此之外，还可以加入一些与摄影有关的QQ群，在群中进行交流。

多欣赏：有空多去一些摄影展现场，欣赏摄影名家的作品，从中观察摄影名家的构图方法、对光线的运用技巧、画面中色彩的搭配以及主体与主题的表达方法。

多总结：不管以哪种方式获得的摄影知识和技巧，都需要不断地进行总结。必要时还可以发表到网上，供影友们学习和交流，让影友们给出他们的意见，然后再进行深层次总结。

多参加活动：活动是最好的练习方式，可以通过影友组织，也可以参加一些摄影网站主办的活动，如蜂鸟网（http://www.fengniao.com）、色影无忌（http://www.xitck.com）以及迪派摄影网（http://www.dpnet.com.cn）等大型网站。